科普图书馆

了不起的鸟世界

长相最古怪的鸟

廖春敏 主编

上海科学普及出版社

图书在版编目（CIP）数据

长相最古怪的鸟 / 廖春敏主编 .—上海：上海科学普及出版社，2014.9（2018.4 重印）

（了不起的鸟世界）

ISBN 978-7-5427-6196-5

Ⅰ．①长… Ⅱ．①廖… Ⅲ．①鸟类—普及读物 Ⅳ．① Q959.7-49

中国版本图书馆 CIP 数据核字 (2014) 第 172600 号

策　　划　胡名正

责任编辑　刘湘雯

了不起的鸟世界

长相最古怪的鸟

廖春敏　主编

上海科学普及出版社出版发行

（上海中山北路832号　邮政编码 200070）

http://www.pspsh.com

各地新华书店经销　　三河市恒彩印务有限公司印刷

开本 889mm × 1194mm　1/16　印张 8　字数 160 000

2014 年 9 月第 1 版　2018 年 4 月第 2 次印刷

ISBN 978-7-5427-6196-5　　定价：23.80 元

前言

鸟是一群自由的精灵，它们能翱翔天空，也能潜游水中；它们能行走陆地，也能栖身树梢。鸟是美丽的天使，有的具有靓丽夸张的嘴喙，有的具有美艳华丽的体羽，有的具有无比绚烂的长尾。鸟还是跳动的音符，它们鸣啭、啁啾，或是呱呱噪啼，为森林或城市带来丝丝盎然生意。

也许是鸟儿们带给了人类最初飞翔的梦想，所以一直以来，人类对鸟总有一种强烈的好奇心和亲近的愿望，就连达尔文进化论也是由他偶然发现的“达尔文雀”催生的。而且自古以来，鸟类就和人类有着千丝万缕的联系，世界各地都流传有各种不同的和鸟类相关的神话和传说。中国的神话故事精卫填海、杜鹃啼血向我们传递着美好的信念。在欧洲的一些地方，一直流传着白鹳的美丽传说：它们在谁家屋顶安巢，谁家就会喜得贵子，幸福美满，在欧洲的乡村，家家户户的屋顶烟囱上都搭有一个平台，那是专为送子鸟筑巢准备的。到了现代，鸟类更是给了人们许多有价值的启示：人们首先根据天空中飞行的鸟的特性，制造了飞机；后来，又研究猫头鹰灵巧无声的飞行，改造了飞翔的性能；还通过研究鸽子来预测地震。鸟类激发了人类的灵感，创造出各种各样的奇迹，并从中获益无穷。

为了带给读者一本更直观真实认识鸟的读物，我们从千千万万种鸟类中，精心挑选出不同生境中具有代表性的鸟，捕捉到这些精灵的每一个精彩瞬间，用生动的语言，讲述故事一般地把这些鸟类的基本特征、繁殖策略、奇异行为、独特本领、捕食妙招等各种令人惊叹的非凡能力展现给每一位读者，让读者看到一个了不起的鸟世界。

本丛书“了不起的鸟世界”共分3册，本册《长相最古怪的鸟》，讲述那些长相与众不同的鸟类。它们或有着奇特的嘴巴，如鹈鹕用来在水中“铲”小鱼小虾的铲子嘴、巨嘴鸟用来求偶和捕食的靓丽长嘴巴；或有着憨态可掬的体型，如走路摇摇摆摆的企鹅、身体圆乎乎的几维；或是身体外形与绝大部分鸟类有着巨大区别，如具有华丽外表的极乐鸟，每天就爱炫耀自己的美丽外表，另外还有一种在求偶期间也爱炫耀自己鲜艳气囊的军舰鸟……本书将带领读者了解更多的长相古怪的鸟类那些鲜为人知的“内幕”，并将读者带入更深入的思索，以解答更多的疑问和谜团。

为了给读者创造更好的阅读享受，让读者更真实地体验到各种鸟类生存的精彩画面，参与本书编撰出版的诸位老师：廖春敏、李坡、孙鹏、王玲玲、刘佳、陈晓东、李立飞、白海波等，在文字撰写、图片使用、版面设计上都倾注其所有心思，力求做到文字充满青春张力、图片新颖贴切、设计清丽明快。在此感谢以上各位老师为本书所做的各种工作！

最后，希望本书能够成为各位读者了解鸟类世界的良师益友。

目录

CONTENTS

鸵 鸟 块头最大的鸟

鸵鸟是世界上体型最大的鸟类，高可达3米。是名副其实的“大个子”。为了显示脖子的优美和颀长，它们一年四季都大敞着脖子，不带“围脖”。小脑袋与体型极不相称。因为体重过重，翼又短小，它们不能享受飞翔的自由。但天生一双大长腿，让它们成为“跑步能手”。当危险逼近时，它们奔跑的速度可高达50千米/小时。

与普遍流行的说法相反，鸵鸟遇到危险从不会把头埋入沙中。事实上，在受到威胁时，这种体型庞大、不会飞的鸟绝不会实行“鸵鸟主义”，反而是借助它们的长腿迅速逃离危险。鸵鸟广泛分布于非洲平坦、开阔、降雨少的地区。有4个区别显著的亚种：北非鸵鸟，粉颈，栖息于撒哈拉南部；索马里鸵鸟，青颈，居于“非洲之角”（东北非地区）；马赛鸵鸟，与前者毗邻，粉颈，生活在东非；南非鸵鸟，青颈，栖于赞比西河以南。阿拉伯鸵鸟从20世纪中叶起便已绝迹。

• 只会奔跑不会飞

鸵鸟的羽毛柔软，没有羽支。雄鸟一身乌黑发亮的体羽与它两侧长长的白色“飞”羽（初级飞羽）形成鲜明对比，这使它显得异常醒目，白天在很远的距离之外便能看到。雌鸟及幼鸟为棕色或灰棕色，这样的颜色具

↘一群鸵鸟疾速穿越纳米比亚境内几乎为一片银白色的埃托沙盐沼。对鸵鸟来说，要在这片到处都有行动敏捷的肉食动物出没的大陆上生存下来，具备快速奔跑的能力无疑至关重要。

有很好的隐蔽性。刚孵化的雏鸟则为淡黄褐色，带有深褐色斑点，背部隐隐有一小撮刚毛，类似刺猬。鸵鸟的颈很长，且极为灵活。头小，未特化的喙能张得很开。眼睛非常大，视觉敏锐。腿赤裸，修长而强健。每只脚上仅有两个脚趾。脚前踢有力，奔跑速度可达50千米/小时，是不知疲倦的走禽。因为步伐大、脖子长、啄食准，鸵鸟能够非常高效地觅得栖息地内分布稀疏的优质食物。

在繁殖季节，一只雄马赛鸵鸟着一身黑白分明的亮丽羽衣，追逐2只正在炫耀的雌鸟。雌鸟低下头、垂悬双翅的姿态暗示它们接受了雄鸟的追求。

鸵鸟食谱很广，如各种富有营养的芽、叶、花、果实和种子，这样的觅食与其说像鸟类，不如说更像食草类的有蹄动物。鸵鸟在多次进食后，食物塞满食管，像一个大丸子一样沿着颈部缓慢下滑，由于食物团近200毫升，因此下滑过程中颈部皮肤会绷紧。鸵鸟的砂囊可以至少容下1300克食物，其中45%可能是砂粒或石子，用以帮助磨碎难消化的食物。鸵鸟通常成小群觅食，这时它们非常容易遭到攻击，所以会不时地抬起头来扫视一下有没有掠食者出现，最主要的掠食者是狮子，偶尔也有美洲豹和猎豹。

照看“别人的孩子”

鸵鸟的繁殖期因地区差异而有所不同。在东非，它们主要在干旱季节繁殖。雄鸵鸟在它的领域内挖上数个浅坑（它的领域面积从2平方千米到20平方千米不等，取决于地区的食物丰产程度），雌鸵鸟（“主”母鸟）与雄鸵鸟维持着松散的配偶关系并自己占有一片2到20平方千米的家园。雌鸵鸟选择其中的一个坑，隔天产1枚卵，可多达12个。但会有6只甚至更多的雌鸵鸟（“次”母鸟）在同一巢中产卵，但产完卵后一走了之。这些次母鸟也可能在领域内的其他巢内产卵。

接下来的日子里，主母鸟和雄鸟共同分担看巢和孵卵任务，雌鸟负责白天，雄鸟负责夜间。没有守护的巢从空中看一目了然，所以很容易遭到白兀鹫的袭击，它们会扔下石块来砸碎这些巨大的、卵壳厚达2毫米的鸵鸟蛋。而即使有守护的巢也会受到土狼和豺的威胁。因此，巢的耗损率非常

知识档案

鸵 鸟
目 鸵鸟目
科 鸵鸟科
有马赛鸵鸟、北非鸵鸟、索马里鸵鸟、南非鸵鸟4个亚种。

分布 非洲（以前还有阿拉伯半岛）。

栖息地 半沙漠地带和热带大草原。

体型 高约2.5米，重约115千克。雄鸟略大于雌鸟。

体羽 雄鸟体羽为黑色，带白色的初级飞羽和尾羽，其中有一个亚种体羽为浅黄色；雌鸟体羽灰棕色。颈和腿裸露。雄鸟皮肤依亚种不同为青色或粉色，雌鸟皮肤为略带粉红的浅灰色。

鸣声 响亮的嘶嘶声和低沉的吼声。

巢 地面浅坑。

卵 窝卵数10~40枚；有光泽，乳白色；重1.1~1.9千克。孵化期42天。

食物 草、种子、果实、叶、花。

高：只有不到10%的巢会在约3周的产卵期和6周的孵化期后还存在。鸵鸟的雏鸟出生时发育很好（即早成性）。雌鸟和雄鸟同时陪伴雏鸟，保护其不受多种猛禽和地面肉食动物的袭击。来自数个不同巢的雏鸟通常会组成一个大的群体，由一两只成鸟护驾。仅有约15%的雏鸟能够存活到1岁以上。

雌性长到2岁时便可以进行繁殖。雄性2岁时则开始长齐羽毛，3~4岁时能够繁殖。鸵鸟可活到40岁以上。

雄鸟通过巡逻、炫耀、驱逐入侵者以及发出吼声来保卫它们的领域。它们的鸣声异常洪亮深沉，鸣叫时色彩鲜艳的脖子会鼓起，同时翅膀反复扇动，并会摆出双翼一起竖起的架势。繁殖期的雄鸟向雌鸟炫耀时会蹲伏其前，交替拍动那对展开的巨翅，这便是所谓的“凯特尔”式炫耀。雌鸟则低下头，垂下翅膀微微振颤，尽显妩媚挑逗之态。鸵鸟之间结成的群体通常只有寥寥数个成员，并且缺乏凝聚力。成鸟很多时候都是独来独往的。（“主”母鸟）与雄鸵鸟维持着松散的配偶关系并自己占有一片20多平方千米的家园。

非洲南部博茨瓦纳的奥卡万戈三角洲地带，两雌一雄3只鸵鸟在看护一个巢。

企鹅 摇摇摆摆真可爱

白肚皮、黑“马甲”（小蓝企鹅背部为蓝色），走起路来摇摇摆摆，看起来很笨拙，但遇到敌害时，可以将腹部贴于冰面，以双鳍快速滑动，后肢蹬行，灵活着呢。这些“摇摆”动物就是只生活在南极和亚南极地区的企鹅家族。而企鹅的这种古怪外形是为了适应海洋环境和恶劣的极地气候演化而来的。

葡萄牙航海家瓦斯科·达·伽马和费迪南德·麦哲伦在他们的探险航行中（分别为1497~1498年和1519~1522年）最早描述了企鹅。两人分别发现了南非企鹅和南美企鹅。然而，大部分企鹅种类是直到18世纪随着人类为寻找南极大陆而对南大洋进行探索时才逐渐为世人所了解。

● 天生的游泳健将

企鹅的所有种类在结构和体羽方面非常相近，只是在体型和体重上差别较大。它们背部的羽毛主要为蓝灰或蓝黑色，腹部基本上为白色。用以种类区分的标志如角、冠、脸部、颈部的条纹和胸部的镶边等主要集中在头部和上胸部，当企鹅在水面游泳时这些特征很容易被看到。雄企鹅体型通常略大于雌企鹅，这在角企鹅属中相对更明显，但两性的外形极为相似。雏鸟全身为灰色或棕色，或者背部两侧及下层羽毛为白色。幼鸟的体羽往往已接近成鸟，仅在饰羽等方面存在一些细小的差别。

企鹅的形态和结构都非常适于海洋生活。它们拥有流线型的身体和强有力的鳍状肢来帮助它们游泳和潜水。它们身上密密地覆有3层短羽毛。翅膀退化为强健、硬朗、狭长的鳍状肢，使它们在水中能够快速推进。企鹅的脚和胫骨偏短，腿很靠后，潜水时和尾巴一起控制方向。企鹅的骨骼相对较重，大部分种类的骨骼仅略比水轻，由此减少了潜水时的能耗。喙短而强健，能够有力地攫取食物。皇企鹅和王企鹅的喙长而略下弯，也许是为了适应在深水中捕食快速游动的鱼和乌贼。

在陆地上，企鹅常常倚靠踵来站立，同时用它们结实的尾羽做支撑。因为腿短，企鹅在陆上走路时显得步履蹒跚，不过一些种类的企鹅能够用腹部在冰上快速滑行。并且，尽管它们的步伐看上去效率低下，但有些种类却能够在繁殖地和公海之间进行长途跋涉。

除了保证游泳的效率，企鹅还必须在寒冷、经常接近冰点的水中做好保温工作。为此，它们不仅穿有一件厚密且防水性能极佳的“羽衣”，而且在鳍状肢和腿部还有一层厚厚的脂肪，以及一套高度发达的血管“热交换”系统，确保从露在外面的四肢流回的静脉血被流出去的动脉血所温暖，从而从根本上减少热量的散失。“移居”在热带的企鹅则往往容易体温过高，所以它们的鳍状肢及裸露的脸部皮肤面积相对较大，以散发多余的热量。此外，它们也会穴居在地洞内，尽量避免直接暴露于太阳底下。

所有企鹅都具有出众的储存大量脂肪的能力，尤其是在换羽期来临前，因为在换羽期它们所有的时间都待在岸上，不能捕食。有些种类，包括皇企鹅、王企鹅、阿德利企鹅、纹颊企鹅以及角企鹅属，在求偶期、孵卵期和育雏期也会出现长时间的禁食。育雏的雄皇企鹅的“斋戒期”可长达115天，阿德利企鹅和角企鹅属为35天。在这段时间内，它们的体重可能会减轻一半。相比之下，在白眉企鹅、黄眼企鹅、小企鹅和南非企鹅中，雄鸟和雌鸟通常每1~2天会轮换一次孵卵或育雏任务，因此在繁殖期的

企鹅的代表种类

1.一只黄眼企鹅的成鸟和两只雏鸟；2.一对在育雏的凤头黄眉企鹅；3.上岸的小企鹅；4.两只孵卵的王企鹅，其中一只在将卵放到脚上；5.一对阿德利企鹅在相互问候；6.阿德利企鹅在滑行；7.阿德利企鹅跃出海面；8.阿德利企鹅在做“海豚式蝶泳”；9.一只站立的南非企鹅；10.准备上岸的南非企鹅。

知识档案

企 鹅
目 企鹅目
科 企鹅科
6属17种。种类包括：皇企鹅、王企鹅、白颊黄眉企鹅、斯岛黄眉企鹅、翘眉企鹅、黄眉企鹅、长眉企鹅、凤头黄眉企鹅、小企鹅、黄眼企鹅、阿德利企鹅、纹颊企鹅、白眉企鹅、加岛企鹅、秘鲁企鹅、南非企鹅、南美企鹅等。

分布 南极洲、新西兰、澳大利亚南部、非洲南部和南美洲（北至秘鲁和加拉帕哥斯群岛）。

栖息地 平时仅限于海洋，繁殖时会来到陆上的栖息地，如冰川、岩石、海岛和海岸。

体型 身高从小企鹅的30厘米至皇企鹅的80~100厘米不等，体重从1~1.5千克到15~40千克不等（同样为上述种类）。

体羽 大部分种类背部为深色的蓝黑或蓝灰，腹部白色。

鸣声 似响亮而尖锐的号声或喇叭声。

巢 最大的2个种类（王企鹅和皇企鹅）不筑巢，站立孵卵；其他种类都筑有某种形式的巢，巢材为就地而取。

卵 窝卵数1~2枚，具体依种类而定；卵的颜色为白色或浅绿色。孵化期依种类33~64天不等。

食物 甲壳类、鱼、乌贼。

大部分时间内它们都不必进行长时间的禁食。然而，一旦育雏完毕，几乎所有种类的亲鸟都会在繁殖期结束时迅速增肥，以迎接2~6周的换羽期，因为在换羽期内，它们体内脂肪的消耗速度是孵卵期的2倍。秘鲁企鹅和加岛企鹅没有特别固定的换羽期，换羽可出现在非繁殖期的任何时候。未发育成熟的鸟通常在完成繁殖行为的成鸟开始换羽之前便已完成换羽，但至少对角企鹅属来说，未成鸟的这种换羽时间会随着年龄的增长而不断推后，直到它们自己也开始繁殖。不同种类的企鹅在繁殖和换羽行为上的差异至少部分是因为栖息地之间的差别所造成的，尤其是栖息地更靠南的种类，它们的生存环境更寒冷，繁殖期相对很短。

群居生活

绝大部分企鹅都是高度群居的，无论在陆地上还是在海里。它们通常进行大规模的群体繁殖，仅对自己巢周围的一小片区域进行领域维护。

在密集群居地繁殖的阿德利企鹅、纹颊企鹅、白眉企鹅和角企鹅属中，求偶行为和配偶辨认行为异常复杂，而那些在茂密植被中繁殖的种类如黄眼企鹅则相对比较简单。南非企鹅尽管生活在洞穴内，却通常成密集的繁殖群繁殖，具有相当精彩的视觉和听觉炫耀行为。而小企鹅则因所居的洞穴更为分散，炫耀行为较为有限。这些企鹅的群居行为很大程度是围绕巢而展开的。相比之下，没有巢址的皇企鹅只对它们的伴侣和后代表现出相应的行为。

企鹅号声般的鸣叫在组序和模式上各不相同，这为个体之间相互辨认提供了足够的信息，因此即使是在有成千上万只企鹅的繁殖群中，它们也能迅速辨认出对方。例如，一只返回繁殖群的王企鹅在走近巢址时会发出鸣叫，然后倾听反应。王企鹅和皇企鹅是唯一通过鸣声就能迅速辨认配偶的。

许多企鹅种类复杂的炫耀行为通常见于繁殖期开始时。大部分企鹅一般都与它们以前的伴侣配对。在一个黄眼企鹅的繁殖群中，61%的配偶关系维持2~6年，12%维持7~13年，总体“离婚”率为年均14%。在小企鹅中，一对配偶关系平均维持11年，离婚率为每年18%。然而，在一项对阿德利企鹅的大型研究中，发现居然没有一对配偶关系能维持6年，年均“离婚”率超过50%。

长眉企鹅的初次繁殖至少要到5岁；在皇企鹅、王企鹅、纹颊企鹅和阿德利企鹅中，至少为雌鸟3岁、雄鸟4岁；小企鹅、黄眼企鹅、白眉企鹅和南非企鹅则至少为2岁。即使在种、属内部，首次繁殖的年龄也各不相同。例如，在阿德利企鹅属中，极少数种类在1岁时就踏上了繁殖群居地，有不少是2岁时在通常的雏鸟孵化时节过来小住数日，而大部分第一次踏上群居地是在3岁和4岁时。长到约7岁时，阿德利属的企鹅种类每个季节到达群居地的时间开始变得越来越早，来的次数越来越多，待的时间越来越长。一些雌鸟初次繁殖为3岁，雄鸟为4岁。但大多数雌鸟和雄鸟的繁殖时间是往后推一两年，有些雄鸟甚至直到8岁才繁殖。

繁殖的时期主要受环境的影响。南极大陆、大部分亚南极和寒温带的企鹅在春夏季节繁殖。繁殖行为在繁殖群内部和繁殖群之间高度同步。南非企鹅和加岛企鹅通常有2个主要的繁殖高峰期，但产卵却在一年中任何一个月都有可能发生。大多数的小企鹅群体也是如此，在南澳大利亚州有些配偶甚至一年内可以成功育雏2次。皇企鹅的繁殖周期则相当独特，它们秋季产卵，冬季（温度可降至-40℃）在漆黑的南极大陆冰上育雏。王企鹅的幼雏也在繁殖群居地过冬，但这期间成鸟几乎不给它们喂食，其生长发育主要集中在之前和之后的夏季。在绝大部分企鹅种类中，雄鸟在繁殖期来临时先上岸，建立繁殖领域，不久便会有雌鸟加入，既可能是它们原先的伴侣，也可能是刚吸引来的新配偶。

仅有皇企鹅和王企鹅为一窝单卵，其他企鹅种类通常一窝产2枚卵。在黄眼企鹅中（情况很可能更为普遍）。

年龄会影响生育能力。在一个被研究的群体中，2岁、6岁和14~19岁的孵卵成功率分别为32%、92%和77%。在产双卵的种类中，卵的孵化常常是不同步的，先产下的、略大的卵先孵化。这种优先顺序会引发“窝雏减少”现象（窝雏减少是一种普遍的适应现象，目的在于保证当食物匮乏时，体型小的雏鸟迅速夭折，而不致对另一只雏鸟的生存构成威胁），通常使先孵化的雏鸟受益。然而，在角企鹅属中，先孵化的卵远小于第2枚卵，但同样只能有1只雏鸟被抚养。唯独黄眉企鹅通常是2枚卵孵化后都生存下来。对于这一不同寻常的现象，尽管人们提出了数种假设来予以解释，却没有一种完全令人满意。

在绝大多数企鹅中，育雏要经历2个不同时期。第一个是“婴儿时期”，时间为2~3周（皇企鹅和王企鹅为6周），期间一只亲鸟留巢看护幼小的雏鸟，另一只亲鸟外出觅食。接下来则为“雏鸟群时期”，此时，雏鸟体型变大了，活动能力增强了，当双亲都外出觅食时便形成了雏鸟群。阿德利企鹅、白眉企鹅、皇企鹅和王企鹅的雏鸟群有可能为规模很大的群体。而纹颊企鹅、南非企鹅以及角企鹅属的雏鸟群较小，只由相邻巢的寥寥数只雏鸟组成。

在近海岸捕食的种类如白眉企鹅每天都给雏鸟喂食。而阿德利企鹅、纹颊企鹅和角企鹅类，由于一次离开海上的时间经常会超过一天，因而它们喂雏的次数相对就少。皇企鹅和王企鹅会让雏鸟享用大餐，但时间间隔很长，每三四天有一顿就不错了。小企鹅与众不同，它给雏鸟喂食是在黄

↘企鹅的栖息地极为偏远蛮荒，这令它们中的许多种类得以避开人类的侵扰和威胁。

昏后。作为企鹅中最小的种类，可以想象它的潜水能力也最为薄弱，因此它们更多地在傍晚时分捕食，那时候猎物大量集中在近水面处。

雏鸟生长发育很快，尤其是南极洲的那些种类。随着雏鸟年龄的增大，一餐摄入的食物量迅速增多，在体型大的种类中，大一些的雏鸟一顿可摄入1千克以上的食物。而即使是在小体型的企鹅中，幼雏的食量也十分惊人，它们能够轻松消灭500克的食物。很大程度上正是因为幼年的快速发育，使它们看上去长得像梨形的食物袋，下身大、头小。

雏鸟完成换羽后，通常开始下海。在角企鹅属中，会出现大批企鹅迅速从繁殖群居地彻底离去的现象（几乎所有的企鹅在1周内全部离开），亲鸟自然也不再去照顾雏鸟。而在白眉企鹅中，学会游泳的雏鸟会定期回到岸上，因为至少在2~3周内，它们还要从亲鸟那里获得食物。在其他种类中，也会出现类似的亲鸟照顾现象，但雏鸟由亲鸟在海里喂养则不太可能。

一旦雏鸟羽翼丰满，它们就会很快离开群居地，直至回来进行初次繁殖。企鹅的幼鸟成活率相对较低，特别是在换羽后的第一年以及繁殖期前这段时间，如仅有51%的阿德利企鹅的幼鸟能够在第一年中存活下来。不过，这种低幼鸟成活率因高成鸟成活率得到了弥补。如皇企鹅和王企鹅的成鸟成活率估计约为91%~95%，与其他大型海鸟类基本持平。小型企鹅的成鸟成活率较低一些，如阿德利企鹅为70%~80%，长眉企鹅和小企鹅为86%，黄眼企鹅为87%。

潜鸟 并不笨的“笨鸟”

潜鸟在陆地上走路重心不稳，好像随时要跌倒，因此北美人称它们为“笨鸟”。然而，这种观点是片面的，潜鸟一旦下了水，那儿就是它们的天堂了。除了游泳之外，它们娴熟的潜水功夫也是相当了得的。它们平均每次可潜水45秒，并能下潜到60米深处。

潜鸟由于高度特化以适于游泳，因而无法在陆地上行走自如。但它们是世界上最娴熟的潜水者之一，平均每次潜45秒钟，如果有必要，它们可以在水下待更长的时间。这些技艺高超的水中掠食者用视觉来锁定目标，用脚来获得推进力，转向时偶尔也会用上翅膀。英国人对这一鸟类的称呼为“diver”；而美国人对它的称呼为“loon”，一般认为这源于古斯堪的纳维亚语“lomr”一词，意为“跛的、瘸的”，这正好形象地描绘了这种鸟类在陆地行走的蹒跚模样。因为它们的腿部长得太靠后，在平地行走非常困难。当然，它们在上坡或穿越水面时能够毫不费力地跑起来。

• 水下掠食者

红喉潜鸟是这一科中最小、最苗条的种类，其特征是喙尖，下部略向上抬，繁殖期在喉部会出现铁锈红色的块斑。此外，在繁殖期间，红喉潜鸟的背羽为全灰，而在冬季会有细密的白斑。它们能够从小面积的水域中轻松起飞。这使它们可以将巢筑在长宽不足10米的小池塘中。

红喉潜鸟的发声也和其他潜鸟不一样，通常为低频音，这有几分像水禽类，可以从人们描述两者的声音所用的词上体现出来：分别为“夸克”和“卡克”。

黑喉潜鸟在繁殖期全身羽毛亮丽，喉部为有光泽的黑色块斑，泛幽幽的绿光。头部羽毛浅灰色，一行白色的羽毛沿颈背而下。在肩羽那片醒目的块斑中，有10或11排明显的大白点斑。冬季，该鸟背部为纯灰，头部为灰色，而接近颈部和腹部的头部下侧为白色，胁腹处有大量白色块斑。

太平洋潜鸟曾一度被认为是黑喉潜鸟的一个亚种，直到人们发现（最先是在西伯利亚，最近是在阿拉斯加）两者是同域繁殖的。两个种类的体羽很相近，区别仅仅是太平洋潜鸟喉部块斑的光泽带有紫色而非绿色，这在光线暗淡的情况下很难发现。在冬季，辨别两者的最有效办法是，太平洋潜鸟胁腹处几乎没有白色羽饰。

普通潜鸟体型更大、更结实，喙更厚。冬季，它的体羽与黑喉潜鸟和太平洋潜鸟相似，只是在眼眶前面有一些白色的羽饰。繁殖体羽色为：头部和颈部黑色，颈的周围有一圈不完整的白色羽饰，在颏下面还有一圈；背部有醒目的一横排一横排的白色矩形斑，肩羽上最明显；腹部为白色。喙厚，黑色，嘴峰略微下弯。

普通潜鸟的鸣声常常被视为它最突出的特征。各种各样的哓叫声和哀号声形成了著名的潜鸟颤音真假唱。这样的鸣声由雄鸟发出，目的是警告入侵者离开领域，或者将它们从雏鸟身边驱离。

黄嘴潜鸟是5个种类中最大的一种。外形像普通潜鸟，不过繁殖期体羽有所不同，背部的白色矩形斑要比普通潜鸟少两三排，而单个的斑则更大；冬季，双眼后面的羽毛有个黑色点斑。喙大，呈象牙色。嘴锋直，因而看上去似乎有点朝上。鸣声与普通潜鸟类似，只是表示警告的笑颤音发得更缓慢，音频更低。

● 仅限北半球

红喉潜鸟的分布范围从环北极地区往南至温带地区，但未有发现越过热带进入南半球的潜鸟。黑喉潜鸟有2个亚种：黑喉潜鸟北方亚种，在西欧繁殖；黑喉潜鸟太平洋亚种，在西伯利亚北部繁殖，少量在阿拉斯加。与黑喉潜鸟亲缘关系密切的太平洋潜鸟主要见于北美，但西伯利亚也有。黄嘴潜鸟分布在阿拉斯加和加拿大。普通潜鸟分布最广，遍布美国北部，向北覆盖加拿大和阿拉斯加，直至巴芬

知识档案

潜 鸟

目 潜鸟目

科 潜鸟科

潜鸟属5种：黑喉潜鸟、普通潜鸟、太平洋潜鸟、红喉潜鸟、黄嘴潜鸟（或称白嘴潜鸟）。

分布 北半球的北美洲、格陵兰岛、冰岛和欧亚大陆。

赤道

栖息地 繁殖期为淡水湖，冬季为沿海水域。

体羽 繁殖期背羽多变，但颈部始终有白色竖条纹，具体分布位置依种类而定；冬季背羽为浅灰色。所有种类的腹羽在各个季节均为白色。

鸣声 善鸣，各种类的配偶之间会齐鸣。

巢 筑于近岸处结实地面，条件允许时也会筑于潮湿的草木堆中。

卵 窝卵数通常为2枚，颜色介于深褐色和橄榄色之间，有黑色或褐色斑点。孵化期24~29天，为双亲孵化。

食物 以鱼类为主，兼食螯虾、虾、水蛭、蛙及昆虫幼虫。

一只正在起飞的红喉潜鸟

潜鸟能够将氧压缩在腿部肌肉中，以供在60米深的水下潜水时所用。

岛、格陵兰岛和冰岛。

淡水繁殖基地

潜鸟在近岸处进行交配。通常一窝两卵，2只雏鸟出生间隔不超过24小时，并且在后孵化的雏鸟出生后一天内就可能永久性地离巢。先出生的雏鸟只做短距离的游泳，直至后出生的雏鸟也具备了远行能力。出于保暖和安全的需要，雏鸟也可能会躲在亲鸟的翅膀下，或骑在亲鸟的背上，接受照顾达2周。

红喉潜鸟通常一窝产两卵，约27天孵化，次卵比首卵的孵化期短。孵化后，雏鸟之间为获得食物和照顾而展开的竞争非常激烈，结果常常是后孵化的雏鸟夭折。红喉潜鸟巢居的小池塘很少有足够的鱼类来喂养雏鸟，因此成鸟经常飞到数里外的大湖大河，甚至海上，为自己和雏鸟觅食。

黑喉潜鸟和太平洋潜鸟的雏鸟在出生后50~55天实现首飞，57~64天离开营巢领域。冬季，这2个种类比其他3个种类更多的时候待在离岸的水域中，聚集的群体规模也更大。营巢时，它们更偏爱鱼类资源丰富的大湖泊，但必要时也会选择小湖。它们比其他潜鸟更喜食水栖无脊椎动物。

黄嘴潜鸟将巢筑于水域边上，特别是小岛和山丘上，与其他潜鸟选择的巢址相似。它们可在多种不同大小的湖中进行繁殖，比如在阿拉斯加，面积从0.1~229公顷的湖均可。雏鸟会飞的时间尚不清楚。

几 维 一个圆滚滚的“球”

几维远看圆滚滚的就像一个球：它的翅膀很小，趋于退化，而且隐藏在体羽之下；完全没有尾巴。它们的不同寻常还表现在其他方面：雌鸟产的卵，可达自身体重的1/4；靠嗅觉而不是视觉觅食。

几维是新西兰的国鸟。因为它们的鸣叫声非常尖锐，听起来特别像“kiwi”，所以被当地的土著毛利族人叫做几维鸟。

母鸡大小的地面穴居者

几维的体型大小有如家养的母鸡，但躯体更细长，并且腿更粗壮有力。喙长而弯曲，喙尖有孔，可流通空气，用于在地面搜寻食物。其他鸟类有飞行肌着生的胸骨，但几维没有。其他大多数鸟类为了飞行时减轻体重，骨骼中空，而几维仅部分中空。虽然作为一种夜行性动物，几维的眼偏小，但它们的视力很好，足以保证它们在下层灌丛中快速穿行。

与同样不会飞的亲缘鸟中，如鸸鹋、鸵鸟、美洲鸵相比，几维显得很小，很可能只是在没有哺乳动物的环境中才得以进化。新西兰群岛大约形成于8000万~1亿年前，几维先于适应性强的陆地哺乳动物进化，而当后者出现时，一道海上屏障阻止了其登陆新西兰，从而使几维免受了竞争和掠食。此外，也有其他不会飞的鸟类也在新西兰进化，只是如今均已绝迹。

几维能够通过嗅觉来发现食物。它们用喙在森林的落叶层里搜寻，或戳入土壤深处，用喙尖夹住食物，然后猛地往回一拉，吞进咽喉。几维的各个种类主要以生活在土壤和落叶层中的无脊椎动物为食，尤其是蚯蚓及甲虫幼虫，同时也会食一些植物性食物，如果实。

夜行昼寝

一对几维配偶的领域为20~100公

↗几维通过它长喙顶端的鼻孔能够找出地下的蠕虫和其他猎物。几维的嗅觉异常灵敏，能够辨别百万分之几的气味。

知识档案

几 维
目 无翼目
科 无翼科
几维属3种：大斑几维、小斑几维、褐几维。褐几维有3个亚种：斯图尔特岛褐几维、北岛褐几维、南岛褐几维。

分布 新西兰。
栖息地 森林和灌木丛。
体型 高35厘米（褐几维和大斑几维），25厘米（小斑几维）；重2.3千克（大斑几维），2.2千克（褐几维），1.2千克（小斑几维）。在各种类中，雌鸟体型大，普遍比雄鸟重20%。
体羽 褐几维有浅褐色和深褐色条纹，其他2种有浅灰色和深灰色带状纹。
鸣声 响亮、反复性的鸣叫，音尖。但雌褐几维例外，其鸣声为嘎嘎声。
巢 巢筑于茂密植被下的地洞内，中空，没有任何衬料或仅垫以少量树叶和腐殖土。
卵 窝卵数为1~2枚，白色，重300~450克。孵化期65~90天。
食物 无脊椎动物，如蠕虫、蜘蛛、甲虫等；植物性食物，尤其是种子和肉质果实。

顷。在这片区域内，它们会占用很多兽穴、掩体和洞穴。白天它们躲在那些地方休息，夜间出来觅食。它们的巢筑于稠密植被下的地洞或掩体内，基本没有衬材。一窝卵虽然只有一两枚，却是雌鸟倾力奉上的结晶之作。卵内丰富的营养不仅可以维持胚胎在漫长的孵化期（65~90天）内的生长发育，而且还为新孵化的雏鸟准备了一个卵黄囊，作为临时的食物供应源。卵产下后会搁上数日。一旦开始孵卵，对褐几维和小斑几维而言，那便是雄鸟的事；而大斑几维则是双方共同孵卵。但亲鸟是否负责育雏则颇为可疑，因为雏鸟出生不到1周便会离巢，单独去觅食。

在茂密的森林里，几维用鸣声来保持相互之间的联系，同时也用以维护领域。在相对较近的距离范围内，它们则用嗅觉以及出色的听觉（而不用视觉）来察觉同类。

“国徽”岌岌可危

对新西兰人而言，几维一直以来都具有不同寻常的意义。过去，它为毛利人提供了食物来源和用以制作珍贵礼服的羽毛。今天，它被征集为非官方的国徽图案。然而，自从19世纪中叶欧洲移民开始定居新西兰后，几维的全部种类都遭受了重创。大片的土地被翻新用以耕作。欧洲人还带去了捕食几维的哺乳动物，如猫和鼬。此外，和之前的殖民者一道而来的狗也会袭击几维。

褐几维如今面临的最主要威胁之一，是栖息地的许多土地被人类清整。斯图尔特岛上的种群状况尚好，但在北岛，现在已只剩2个上规模的种群。南岛的种群分布支离破碎，具体状况不明。狂热的捕杀队试图在土地得到清整前消灭当地的几维，然而在大的区域他们做不到这一点。幸运的是，那里的几维适应了被人类清整过的栖息地，同时也在个别它们活动范围内的森林保留地中生存了下来。

大斑几维在南岛西北部也只剩2个被孤立的种群，并常常遭到陷阱的伤害，虽然陷阱原本是用来诱捕外来引入的负鼠的。小斑几维目前也面临危险。若不是人们富有远见地将该种引入到位于库克海峡方圆2000公顷的卡皮蒂岛，小斑几维很可能会灭绝。如今卡皮蒂岛上的小斑几维超过了1000只，但当初在那里仅放生了5只。而那时岛上的栖息环境相当恶劣，因此，放生所取得的成功显得越发不同寻常。

人们正在试图通过人工饲养来繁殖这一种类，一方面可以更好地研究它们的繁殖生物学，另一方面可以将更多的小斑几维放生到其他岛上去。人们曾对卡皮蒂岛上小斑几维的基本栖息条件、食物和繁殖情况进行了调查，为进一步建立该种的种群寻找合适的地点。

结果，在20世纪80年代，人们将小斑几维引渡到了母鸡岛、长岛和红水星岛，此后又在90年代将其引入提里提里玛塔基岛。

大斑几维生活在新西兰南岛崎岖的山区地带。这是该鸟最青睐的栖息地，在那里，它们很少受到侵犯，相对而言比较安全。那里现约有10000对大斑几维。

鹱 鼻孔像管子

鹱的种类不同，喙的演化各异。这表明它们在饮食上存在着差异。阔嘴鹱的喙可以容纳4.1立方厘米的水，这有利于它们掠过表层水捕鱼。圆尾鹱的喙是短短的，粗粗的，末端有一个强有力的钩，用来猎杀和咬断乌贼和鱼。更为怪异的是，这些鸟的喙上面都有一个张得大大的像跟管子似的鼻孔。

鹱科是鸟类中分布区域最广的科之一，从雪鹱深入南极洲内陆440千米处营巢到暴风鹱在北冰洋但凡有陆地的地方繁殖，其分布可谓遍布全球。虽然有数个种类仅限于某些地区且数量十分稀少，但其他种类数量繁多。许多种类实行大范围的迁徙。总体而言，鹱科是一个生存适应性非常强的科。有些种类以浮游生物为食，有些食死鲸，而大部分在海面或水下捕食小鱼和乌贼。尽管种类之间在体羽和习性方面存在诸多差异，但可明显地分成4类：暴风鹱类、锯鹱类、圆尾鹱类和真正的鹱类。

• 翱翔于茫茫大海

暴风鹱类居于冷水域，偶尔随寒流闯入亚热带海域。有6个种类分布在南半球。该类很可能是在南半球进化而来的，因为唯一在北半球的种类——暴风鹱也与南半球的种类亲缘关系密切。该类大部分为中等体型，但有2个巨鹱姊妹种，翼展可达2米，与某些信天翁一般大小。事实上，有人推测柯勒律治的《古代水手的诗韵》中那只被射杀的“信天翁”实为一只巨鹱。

暴风鹱类的喙大（2个巨鹱种更是如此）而宽。这些鸟过去可能主要以浮游生物为食，但有些种类现在也食捕鱼船队的废弃物。对这些新食物资源的利用使得其数量大幅上升。暴风鹱类在陆地上也相当活跃，其中巨鹱种能够用直立的胫骨走路；而该科其他类的鸟基本上都是曳足而行，胫骨平置于地面。暴风鹱类飞翔时，扇翅飞行和滑翔交替使用。

锯鹱类（包括蓝鹱）是该科另一个生活在南半球的群体，主要在亚南极岛屿上繁殖，其他时间在略为暖和一点的水域活动。该类体型小，体长通常为26厘米左右。外形相似：上体蓝灰、下体白色，翼呈深色的“W”形。它们均食小型浮游生物，并用喙上的栉板过滤，但喙的大小各异，表明食物方面存在细微差异。其中一些种在海面上啄食鱼类，而那些具宽喙的种则掠过表层水捕食。一项对阔嘴锯鹱的研究表明，该鸟的喙能够容纳4.1立方厘米的水，从表面积为785平方毫米的栉板处进出。

锯鹱类主要聚集于浮游生物密集

↘鹱的代表种类

1.暴风鹱，该鸟喙上面张大的鼻孔使鹱形目有一个俗名——“管鼻目”；2.百慕大圆尾鹱；3.大鹱；4.阔嘴锯鹱在陆地上（背景图为其在滤食）；5.黑顶圆尾鹱；6.巨鹱在食一只死海豹。

的区域，并且通常大批地低空盘旋于海面上。它们曾被称为“鲸鸟”，因为人们经常在鲸出没的地方发现它们的身影。

圆尾鹱类平均体长为26~46厘米，有些种并不比锯鹱类的大，但其他种要大一些。大部分种类上体黑色（或灰色）加白色，下体白色，脸部白色；少数种类为全身深色。要鉴别这一类鸟，只需注意它们中的一些种类会出现多个不同的着色期便可。圆尾鹱类的喙短而粗，有一强有力的钩，喙缘锋利，用于啄取和咬断小型的乌贼和鱼。这些鸟绝大部分生活在南大洋和热带海洋。在那里，除了个别种如百慕大圆尾鹱仅限于单个的岛屿外，其他种则翱翔于浩瀚无际的大海上。它们的飞行能力强，飞行高度高。有关它们的迁移情况，人类知之不多，但已知的是有些太平洋上的鹱会越过赤道从一个半球迁徙至另一个半球。

真正的鹱类与大型的鸟相比要小，体长范围为27~55厘米。大部分上体深色，下体黑色或白色。多数种头上有一黑顶，唯有一个种为白顶。由于分布广泛、流动性强，它们的归类便成为一大难题。例如，分布在东北大西洋、地中海、夏威夷、东太平洋和新西兰繁殖的、外形相似但不相同

↗ 霍氏巨鹱在海上觅食时以鱼和乌贼为主要目标，在陆地上，则食企鹅及哺乳动物的腐肉。它的喙不但强硬有力，还长有一个锋利的钩来捕食猎物。

知识档案

鹱

目 鹱形目

科 鹱科

14属79种。种类包括：奥氏鹱、大鹱、所罗门鹱、大西洋鹱、短尾鹱、灰鹱、贝氏圆尾鹱、斐济圆尾鹱、蓝鹱、百慕大圆尾鹱、红圆尾鹱、猛鹱、暴风鹱、银灰暴风鹱、雪鹱、巨鹱等。

分布 各大海洋。

栖息地 海洋。

体型 体长26~87厘米，翼展最宽2米，重0.13~4千克。

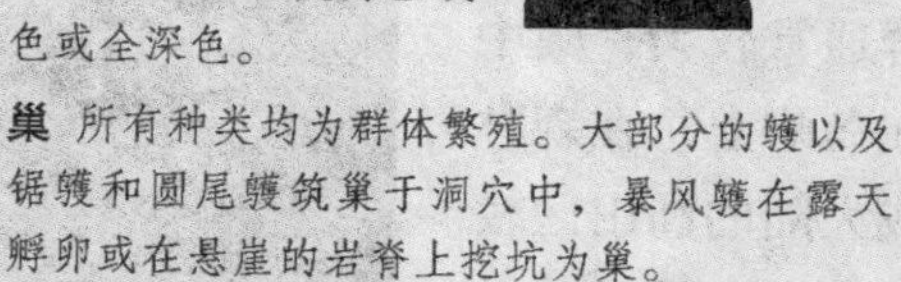

体羽 大部分种类为黑色、棕色或灰色，辅以白色；少数种类为全浅色或全深色。

巢 所有种类均为群体繁殖。大部分的鹱以及锯鹱和圆尾鹱筑巢于洞穴中，暴风鹱在露天孵卵或在悬崖的岩脊上挖坑为巢。

卵 窝卵数1枚，白色。孵化期43~60天。

食物 鱼、乌贼、甲壳类及腐肉。

的黑色鹱是否应一律被视为大西洋鹱的亚种？对此，一直存在争议。目前倾向于将它们分为独立的种。

一些鹱类善于长途迁徙。如短尾鹱和灰鹱在澳大利亚和新西兰繁殖，随后在北大西洋（仅灰鹱）或北太平洋（两者）度过北半球的夏季。其他种则反向而行，如猛鹱和大西洋鹱在北大西洋繁殖，在南大西洋避过北半球的冬季。

与同等体型的其他鸟类相比，就占身体的比例而言，鹱类的喙显得更长、更细，喙钩更小，但它们仍以食鱼和乌贼为主。捕食时，它们既可以从空中俯冲而下扑向猎物，也可以在水中游泳直追。

固定配偶的群居者

鹱科的所有种均为群体繁殖，充其量仅为程度不同。有时是因为合适的栖息地有限，如在南极大陆营巢的巨鹱不得不在寥寥可数的几块雪被风吹刮干净的石头上营巢，但更多的是选择问题，因为即使附近很明显有未使用的合适栖息地，这些鸟也会选择进入拥挤不堪的地方并试图在那里营巢。至于群体繁殖的选址，就像有这么多种类一样丰富，不过前提条件是不会受到天敌的袭击。

暴风鹱类中，仅有雪鹱的巢有遮盖物，其他种只是在悬崖的岩脊上找个浅坑，或干脆在露天孵卵。这类鸟会喷吐出味道难闻的胃油，从而使入侵者掉头就走。正因如此，巨鹱原名为“恶臭弹”。暴风鹱类的繁殖群偏小，巢分散。锯鹱类都在巨石之间的地面下，或它们自己掘的洞穴中营巢，繁殖群可以很大。圆尾鹱类和真正的鹱类在洞穴中或岩石下营巢，热带岛屿上那些生活在海面的种类除外。一些种用植被衬垫巢内，其他种则徒有一个象征性的巢。圆尾鹱类和真正的鹱类的繁殖群通常较大，集中在岛屿上，在森林或大陆的高山区较少发现。露天营巢的种类白天穿行于它们的巢之间，大部分以洞穴为巢者则在夜间群体出动，以避开食肉类。视觉很可能是它们在夜间用以回洞穴的主要凭借，然而，同样有大量的现象表明嗅觉也发挥着作用。

↗ 图中的暴风鹱处于深色着色期，它们全身体羽均为灰色，而在浅色着色期，它们的翅膀是灰色的，头为白色，尾为白色带有灰边。

整个鹱科的繁殖行为相当统一。它们在营巢前数周回到繁殖群居地，收拾上个繁殖期用过的巢址。配偶之间的关系通常会从前一个繁殖期延续下来，并很可能在巢址处再度相遇。成鸟的存活率非常高（至少90%），配偶关系会维持很多年。当“离婚”确实发生后，通常以后的繁殖不会很顺利。在产卵前数周，繁殖群会举行热闹的空中炫耀表演，配偶们便天天厮守巢中。许多种类有“蜜月期”：为了给接下来的产卵储备食物，雌鸟会离开繁殖群去觅食2周左右，这个时候有些种的雄鸟也会离开，为自己届时漫长的孵卵任务做准备。其他种的雄鸟则会定期回来查看一下巢址。

大部分种类为每年繁殖一次，并且是同步的。其中最极端的例子是短尾鹱，它们的繁殖群居地跨11个纬度，但所有的卵在12天内全部产毕，产卵高峰期始终出现在每年的11月24~26日。而那些频繁光顾群居地的热带种类，则在一年中的任何一个月都可以产卵。在少数种类中，有些个体的繁殖间隔期不止1年，不过大部分配偶仍为每年繁殖1次。更罕见的情况则是，繁殖群相邻的鸟，虽然也是1年繁殖1次，却不同步。

所有种类的鹱科鸟类窝卵数均为1枚，卵通常为白色，很大，占母鸟体重的6%（巨鹱）~20%（锯鹱）。热带种产的卵比温带种或极地种的卵大，原因很可能是因为热带繁殖期食物短缺，雏鸟需要更多的食物储备来渡过难关。雌雄鸟都有一块大大的“孵卵斑”（一片不长羽毛的裸露区域，血管丰富，亲鸟通过这里将热量传给卵），双方轮流孵卵，各孵1~20天。通常是卵产下后，雄鸟先孵，而且孵的时间最长，也许是为了让雌鸟回到海上补充营养，以恢复元气。卵一旦丢失，亲鸟很少再产。卵耐冷却，尤其是那些洞穴中的卵，周围温度稳定，一时的冷却不会带来不良影响。但倘若亲鸟确实有一段时间没有孵卵，那么孵化期将会延长，多的可延长25%。

孵化期虽长（跨度达43~60天），但因卵的大小各异（25~237克不等），故实际情况可能要比预期的短。刚开始数天，雏鸟会得到亲鸟的抚育，但随后便被单独留于洞穴中，亲鸟双双外出觅食。亲鸟给雏鸟喂的是一种“汤”：包括部分消化的鱼、甲壳类和乌贼，另加胃油。雏鸟发育很快，直至长到体重大大超过成鸟。不过，生活在洞穴中的雏鸟常常被亲鸟遗弃，它们体内的脂肪储存也就告一段落。

● 常遭捕食的“羊肉鸟”

鹱科中许多种类的雏鸟、卵和成鸟都曾被视为美味佳肴，而遭到大规模的捕食。它们体内的脂肪也被广泛利用。如今，人类的捕猎行为有所收敛，但并没有停止。如大鹱在特里斯坦达库尼亚的繁殖群居地和在北大西洋的过冬地均遭到捕杀。一些鹱类因肉质鲜美而被称为“羊肉鸟”，其中有2个种——短尾鹱和灰鹱的雏鸟现仍遭到大规模的商业猎捕，它们的肉出售时被冠以“塔斯马尼亚乳鸽”之名。不过，由于现在对猎捕这些鸟的数量有了严格的限额，加上这2种鸟本身的总数也都超过了2 000万只，因此猎捕活动尚不至于对它们产生毁灭性的伤害。

相比之下，几种圆尾鹱因受到外来天敌的掠食，以及栖息地被破坏而面临危险。百慕大圆尾鹱便是一个典型例子。这种鸟只出现于百慕大，过去生活在岛的内陆地区，起初被人捕食，后来则遭到猪、猫和鼠的残害。一些配偶移居到海边的岩石上生存，但在那里热带鸟类与它们争夺巢址，因此繁殖成功率很低。幸好，目前人们已经采取管理措施有效地解决了这一问题，这种鸟的数量已开始回升。

南太平洋查塔姆群岛上的红圆尾鹱很大程度上依赖于新西兰环保局的保护，它们繁殖的洞穴目前已知的仅有12个。而另外3种——所罗门鹱、贝氏圆尾鹱和斐济圆尾鹱则可能更稀少，它们营巢的洞穴还从未被发现过。

鹈 鹕 铲子一样的大嘴

巨大的喉囊，滑稽的样子，鹈鹕的形象俨然就是一幅漫画。而事实上，它们是高效的“火线装载”觅食者、一流的飞行家和关系网错综复杂的“社交名流”。它们的名字来自希腊语“pelekon”，源于“pelekys”一词，意为“斧子”（形容喙的形状或喙作砍劈状的行为）。然而，更确切的联想应当为一把铲子，那才是鹈鹕使用喙的方式。

鹈鹕常常成为许多民间传说的主题。有一则印度寓言叙述了这样一个故事：曾经有一只鹈鹕对它的后代极为残暴，它把它们杀死，事后又充满自责地让鲜血从自己的胸口滴下，滴到后代的身上，使它们复活。鹈鹕用自己的血来喂养后代的说法虽然明显不正确，却很打动人心。这在其他文化中也屡有出现。人们之所以会产生这样的想法，很可能是因为鹈鹕习惯把喙置于胸口，而卷羽鹈鹕的喉囊在繁殖初期恰好为血红色。

● 最重的会飞的海鸟

按照体羽的羽色和营巢习性，鹈鹕可分为2类。其中一类包括澳洲鹈鹕、卷羽鹈鹕、白鹈鹕和美洲鹈鹕，体羽基本为清一色的白色，筑地面巢；另一类含粉红背鹈鹕、斑嘴鹈鹕和褐鹈鹕，体羽主要为灰色或褐色，在树上筑巢。白鹈鹕和卷羽鹈鹕体重可达15千克左右，乃世界上最重的会飞海鸟。相比之下，褐鹈鹕仅重2千克略多一点。体型和体重对于这些使用巨型喉囊的鹈鹕来说至关重要，它们的喉囊可盛下13千克的水。

鹈鹕长有20~24枚短尾羽，使它们的尾部看起来略呈方形。它们的翅膀长而宽，有大量的次级飞羽（30~35枚）。鹈鹕是出色的翱翔者，能够保持翅膀水平而做滑翔飞行，这是因为它们的胸肌长有一层厚厚的特殊纤维。这种适应性使鹈鹕可以利用热上升流，从而每天的觅食之旅可以在150千米以上，大大扩大了它们潜在的觅食区域。短而强健的腿和具蹼的足则提高了鹈鹕的游泳能力。羽毛具防水性，并由尾脂腺的分泌物予以保持。鹈鹕会先用后脑勺摩擦尾脂腺，然后将腺体的油涂到体羽上。

幼鹈鹕多绒毛，颜色为白色、灰色或深褐色，2个月内长出真正的羽毛，长齐成鸟的体羽通常至少需要2年时间。

● 迁徙"惨案"

虽然主要为"旧大陆科"，但鹈鹕出现在除南极大陆外的各个大洲，分布范围从北纬65° 至南纬40° ，仅两极地区和南美腹地没有，可谓遍布世界。不过化石显示，它们曾经的分布范围更广。尽管很大程度上避免了分布的重叠，但白鹈鹕和卷羽鹈鹕还是会出现在混合群居地繁殖的现象，而在非洲的部分地区，也会出现白鹈鹕与粉红背鹈鹕分布重叠的现象。

鹈鹕主要生活在暖和气候下，但也有些白鹈鹕和美洲鹈鹕回到繁殖地时那里仍是一片冰天雪地。它们偏爱在孤岛上营巢，因为这里相对不容易受到食肉类哺乳动物和人的攻击。依种类不同，鹈鹕的繁殖巢址分别为地面或低矮植被中间、湖中或沼泽中的小岛、荒芜的海边岩石（褐鹈鹕的秘鲁亚种）或者树上（褐鹈鹕、粉红背鹈鹕和斑嘴鹈鹕）。

在非繁殖期，鹈鹕通常进行分布扩散或者迁徙。虽然某些地区的白鹈鹕和美洲鹈鹕为留鸟，但其他地区的则为候鸟。迁徙前的集结规模可能非常大。出发后，它们会飞得很高，穿越沙漠，甚至山脉。有些种类大批沿海岸迁移，白鹈鹕则基本上完全在内

↘鹈鹕潜入水中捕鱼

所有鹈鹕都用喉囊捕鱼，但其中只有褐鹈鹕潜入水中捕食。每次潜水似乎都是志在必得。

陆活动。迁徙的鹈鹕偶尔会在途中飞落到空旷的湖泊上休息，但若被恶劣天气困在那里，则有可能全军覆没。同样，如果因天气不利导致食物储备耗空，而鹈鹕仍坚持继续迁徙，也会出现大规模死亡。另外，鹈鹕不做长途的越洋飞行。

对于一贯的繁殖地如一个湖泊、一片红树林或一个海岛，鹈鹕既一往情深，又随时会更换具体的繁殖群居地地点。有些种类如白鹈鹕和澳洲

鹈鹕，会在各个季节随机繁殖，但它们通常要到三四岁才进行初次繁殖。野生鹈鹕的寿命并不是很长，最长寿的个体记录是一只美洲鹈鹕，活了26岁。而人工饲养的鹈鹕可存活至60多岁，并能在动物园里成功繁殖。

● 充分利用这把“铲”

鹈鹕善于充分利用繁殖栖息地，以各种方式获取食物。依种类差异，它们会捕食从内陆沟渠直至外海的各种鱼类，远洋地区是唯一只有部分而非所有鹈鹕能够涉猎的水域。觅食行为包括合作狩猎、从其他水禽处抢食以及在海上或陆上捡食腐肉。除褐鹈鹕外，这类鸟猎食时不是游泳，便是采取“倒立”姿势，用喙接触水面或部分沉入水里。筑地面巢的鹈鹕通常联合捕食，成排游泳，将鱼赶到浅水处，然后用喙铲起。而褐鹈鹕觅食时采用“扎入式潜水”，但样子实在难看，给人的感觉仿佛是一堆待洗衣物被扔进水里。

鹈鹕铲鱼时会把水一同铲起，因此必须在扬起头吞入食物之前让水流干，而这个时候很容易被其他海鸟从它们的嘴中夺走猎物。鹈鹕食各种各样的鱼，从小鱼直至大的鱼类。此外，也食腐肉、卵、幼鸟、两栖类和甲壳类。大部分食物对人类而言都没什么商业价值。

● 求偶仪式未解之谜

鹈鹕拥有多种高度仪式化的求偶行为，虽然也有几个种类在随后的繁殖过程中对配偶并不忠诚，甚至对特

清晨捕食完毕，一群白鹈鹕在岛上或沙洲度过一天剩余的闲暇时光，或休憩，或梳羽，或洗澡。白鹈鹕在非洲数量繁盛，繁殖配偶约有75000对，有时会形成多达数千只的繁殖群。图中这群白鹈鹕是在肯尼亚的安伯塞利国家公园里。

知识档案

鹈 鹕
目 鹈形目
科 鹈鹕科
鹈鹕属7种：美洲鹈鹕、澳大利亚鹈鹕、褐鹈鹕、卷羽鹈鹕、白鹈鹕、粉红背鹈鹕、斑嘴鹈鹕。

分布 欧洲东部、非洲、印度、斯里兰卡、东南亚、澳大利亚、北美洲、南美洲北部。

栖息地 沿海或近海岸水域以及内陆水域。

体型 体长1.3~1.7米，翼展2~2.8米，体重2.5~15千克。雄鸟略大于雌鸟。

体羽 灰色、褐色或白色。初羽和飞羽为黑色，背腹会有几抹粉红色或橙色，脸部、喙及饰羽色彩鲜艳。褐鹈鹕羽色有褐、灰、黑3种颜色。

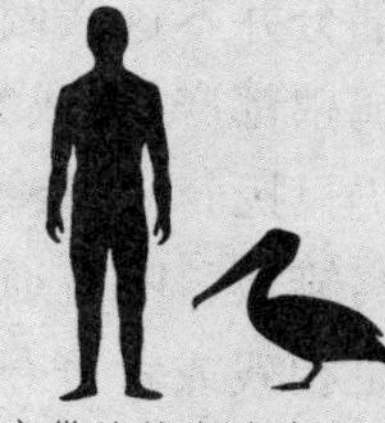

鸣声 嘶嘶声和咕噜声。未离巢的雏鸟鸣声十分嘈杂。

巢 树上筑巢种类在离地面30米的树上用干树枝构筑大型巢；地面筑巢种类利用浅坑营巢，有时衬以树枝、叶或芦苇。

卵 窝卵数1~4枚，色粉白。孵化期1个月。

食物 鱼、两栖类、小型哺乳动物及水禽的幼鸟。

定的繁殖地也喜新厌旧。鹈鹕很少发生打架争斗行为，虽然有时也会刺一下或碰一下对方。保护领域的鹈鹕会用喙尖戳入侵者，或者猛咬一口。

地面营巢的鹈鹕结成配对关系的过程错综复杂，涉及一系列群体互动、追求行为和在陆上（它们炫耀的地方）或水上或空中的成队活动。然后，雌鸟通过某种未知的方式吸引多只雄鸟跟随它，彼此互动，做出数种仪式化的举动，或针对对方，或填补空白，或强行介入。令人称奇的是，如此复杂的整个程序居然可以在1天内完成。

树上营巢的种类则较少群体互动。相反，雄鸟常常在某根栖息的树枝上四下寻觅一只雌鸟。在结对过程中采用的一些炫耀行为在繁殖的初期阶段会继续使用，以加深配偶之间的感情。但之后，配偶间的互动就形同虚设了。交配出现在产卵前3~10天，有时则在双方刚刚走到一起数小时内就会发生，而在最后一枚卵产下后会立即终止。

地面营巢的鹈鹕很少自己筑巢或干脆不筑巢。那些亲自筑巢的则用喉囊搬运巢材，常常使喉囊鼓得像个垃圾袋。树栖鹈鹕则用喙横衔巢材。

鹈鹕的卵置于蹼足上面或下面进行孵化。双亲轮流孵3个小时至3天。尤其是孵卵初期，在双方“交接班”时，会有一次很明显的炫耀行为。

有些种类（包括卷羽鹈鹕、美洲鹈鹕、褐鹈鹕和斑嘴鹈鹕）虽然每次繁殖能够抚育1个以上的后代，但绝大部分并不这么做。因此，即便所有的鹈鹕都产2枚或2枚以上的卵，大多数仍只抚养1只雏鸟。而要达到最理想的窝雏数，唯有通过雏鸟之间直接的手足相残或者争夺食物来实现，结果都是最弱者丧命。在粉红背鹈鹕和斑嘴鹈鹕中，后生的雏鸟往往只会存活数周，直至最后饥饿而死。

由于亲鸟喂食频繁、食物充足，雏鸟生长发育迅速，10~12周后便可以飞行。有些种类还会专门给雏鸟喂水。在给较大的雏鸟喂食时，地面营巢类的亲鸟会非常粗暴地对待它们，逮住它们的头往四下里拖。而陌生的雏鸟则一律遭驱逐。在喂食之后（甚至喂食之前），雏鸟便犹如大病发作，甚至会处于昏迷状态。这种奇怪的现象有待进一步分析研究。

地面营巢类的雏鸟在具备活动能力后往往会聚群，多则有100只雏鸟成群活动。而亲鸟只寻找自己的雏鸟，然后给它们喂食，很显然它们是用视觉来辨认雏鸟的。在6~8周时，雏鸟的活动能力进一步增强，会到水边活动，偶尔还开始游泳，特别是当受到威胁时。在它们学会飞行之前，甚至还会练习联合捕鱼。而褐鹈鹕的幼鸟一旦会飞后就不再回巢。在幼鸟开始会飞之后，尽管有一些仍与亲鸟待在一起，同栖息同活动，但总体而言，亲鸟已很少甚至彻底不再给它们喂食。

除非受到侵扰或者卵遭遗弃，鹈鹕的孵雏成功率可以高达95%。然而，最终能够飞行的雏鸟比例却常常不足50%。鹈鹕在繁殖活动中最突出的特点便是它的不连贯性。

• 处境艰苦

饥荒，对于刚会飞行的幼鸟以及未成鸟而言，乃是头号杀手。其他因素如大型哺乳动物的掠食、动物流行病、恶劣天气的影响、大量的寄生物附身、意外事故（特别是在某些地区由电线引起的事故）以及人类大规模的捕杀，甚至在美洲部分地区渔民焚烧活雏鸟的行为，都严重威胁着鹈鹕的生存。

处境最严峻的是斑嘴鹈鹕，1997年全球数量约为11 500只，分别栖息于印度东南部、斯里兰卡和柬埔寨。而仅在古北区繁殖的卷羽鹈鹕不久前也曾面临危险，所幸的是由于保护得力，该鸟的数量如今已在上升中，总数估计有15 000~20 000只。目前，全世界有半数以上的卷羽鹈鹕分布在东欧和中亚各国，尤其是哈萨克斯坦。

今天，数量最多的种类很可能是褐鹈鹕（包括数千只秘鲁亚种）。粉红背鹈鹕也广泛地分布于非洲部分地区，尽管具体数目还不得而知。

鹲 水手长之鸟

除了繁殖，鹲根本不屑于降落到陆地上。它们散布在苍茫的大海上，成鸟那2根长长的中央尾羽尤为醒目。因有几分似大笋螺，水手们称其为“水手长之鸟”。

鹲栖息于暖和、晴朗的咸水域，适宜温度为24~30℃，经常出现在不见其他海鸟身影的偏远深海区，是中西太平洋地区和南印度洋地区信风的风向标。

• 为飞翔而生

鹲体型中等，身体结实，呈流线型；楔形尾的中部有狭长而灵活的“长旗条”尾羽，长出来很快，并不断更换，与其他飞羽无关。翼展可达1米以上。白尾鹲的翼展为红尾鹲的80%左右，但体重仅为后者的一半。

由于骨盆、腿和蹼足小而弱，鹲在地面上显得有些难以立足。而相反，鹲的胸肌强健（高展弦比的翅膀自然具有高翼负载），并且由于振翅持续快速，飞行肌发达，胸部龙骨突出。喙颜色为鲜红或黄色，结实有力，下弯，锐利，侧缘呈锯齿状，鼻孔呈裂缝状。眼大而黑。鹲的体温会通过腹部的羽毛传给卵。幼鸟的羽毛为白底黑条纹，成鸟全身羽毛都具防水性。这种鸟可以长年累月地逗留在海上。

尽管鹲在产卵和孵卵期间离繁殖地较近，但它们通常见于遥远的海

知识档案

鹲
目 鹈形目
科 鹲科
属3种：红嘴鹲、红尾鹲、白尾鹲。

分布 热带和亚热带地区。

栖息地 海洋。

体型 体长80~110厘米（包括尾部长羽），翼展90~110厘米。

体羽 银白色，背部和翼上有黑色条纹，某些成鸟略带玫瑰色或金色。雌雄鸟相似，只是雄鸟2根延伸的尾羽更长，而幼鸟没有。

鸣声 尖叫声。

巢 筑于空地上，或筑于悬崖洞中、树洞里。

卵 一窝单卵，红褐色，带点斑。孵化期40~46天。

食物 鱼和乌贼。

↗ 一只刚孵化的白尾鹲雏鸟，浑身是浓密的灰色绒毛，约有1~3厘米厚。雏鸟孵化后便单独留于巢中，双亲外出觅食。在繁殖群居地，这些幼小的雏鸟很容易遭到四处寻找巢址的同类或亲缘类成鸟的袭击。

上，并且绝大多数都是独行侠，或者成小群活动，对混合的大繁殖群敬而远之。它们从几米至50米不等的空中潜入水中，双翅半收，有时在携猎物浮出水面前，翅膀会在水中打转成十字形。捕获的猎物通常可以达到其自身体重的1/5。和其他远洋觅食者一样，给雏鸟的食物装于嗉囊中或消化道的下部，在那里会被覆以一层黏液。鹲通过突然俯冲扎入水中的方式捕食，主要捕食乌贼和长达20厘米的飞鱼。

• 远洋之鸟

红嘴鹲和白尾鹲见于三大洋，红尾鹲则生活在太平洋和印度洋。3个种中，以白尾鹲数量最多，分布最广泛，尤其是加勒比海地区。数量最少的很可能是红嘴鹲，不足10 000对，最大的群体在加拉帕哥斯群岛。红嘴鹲也同样集中在太平洋，不过近年来数量大幅下降。

鹲营巢于海岛上，巢筑在悬崖或礁石洞中以及斜坡上的大石下，有时则筑于植被下，圣诞岛上的白尾鹲群体甚至将巢筑于丛林的树洞里或树杈中。不过最受青睐的还是悬崖山洞，既阴凉又便于起飞。过热的环境会让鹲弃巢而去。

鹲的繁殖群居地不大也不密，却时常会在种内部和种之间出现争夺巢址的情况，有时甚至很血腥。许多配偶在半隔离状态中营巢。一些群居地存在不育雏的成鸟侵扰育雏的亲鸟，甚至攻击雏鸟致死的现象。

虽然有时会出现大规模穿越赤道的行为，但鹲类都不是真正的候鸟。尽管其中有一些常年生活在群居地附近，但总体而言，鹲是远洋性鸟类，它们常常孤身翱翔于热带和亚热带的海洋上。

• 空中求偶

鹲初次繁殖在2~5岁，通常为3~4岁。一个繁殖周期为21~27周。繁殖过的配偶，倾向于相互保持忠诚，其中一方（一般为雄鸟）回到以前的繁殖点等待它的配偶。在繁殖前重新占据巢址可能很迅速，但也可能很耗时。

鹲没有那种仪式化的领域炫耀，却常常为巢址展开激烈的争夺：用喙刺戳、劈砍或互相扣住，而后双方扭打成一团，在失去平衡的情况下用翅膀做杠杆。也没有仪式化的缓和行为。

鹲的求偶行为主要用于形成配偶关系，而非巩固既有的配偶关系，通常在空中展开，非常复杂。有时会有多达20只鹲在100米的空中做大范围的盘旋，既有仪式化的振翅飞翔，也有双翼僵直不动的滑翔。红嘴鹲还会“载歌载舞”，上下飞舞，伴以鸣声。这种炫耀行为主要基于一种动机，即吸引雄鸟。而一旦关系确立，随后配偶们便似乎很少在繁殖地开展有组织的互动活动。

雏鸟出生时覆有长而密的绒毛，并且比其他任何鹈形目的雏鸟都高等。它们不像通常的鹈形目雏鸟那样由亲鸟把喙放入自己张开的嘴里进行喂食，而是自己将喙伸到亲鸟的喉部去取食。虽然刚孵化时雏鸟会得到亲鸟的精心呵护，但往往四五天后便因亲鸟双双外出觅食而无人照顾了。

待飞羽即将长齐时，雏鸟一般于前一周开始不再得到亲鸟的喂食。它们通常没有任何飞行实践经验，也不会由亲鸟陪伴下海，必须完全靠自力更生来度过这个过渡阶段，实现真正的独立生活。

↘红嘴鹲生活于西太平洋热带地区、中大西洋、红海和海湾地区。该鸟是鹲科中唯一将背上有黑条纹的幼鸟抚养至成鸟的种类。由于腿短、靠后，无法支撑体重，因此，鹲在地面上只能拖曳而行。

叫鸭 “名”副其实的鸟

叫鸭的名称源于其粗哑远闻的叫声。看来人们把难听的音调形容为“鸭嗓子”，并没有故意辱没它们的意思，只是实事求是的评价。角叫鸭的名字源于它额上的角，这是一根细长且向前弯曲的钙化突起。至于究竟有什么重要的功能，至今尚且不明。有人认为，可能仅仅用于求偶时的炫耀。

叫鸭为一种栖息于南美湿地的水禽，虽然倘若体型再大一些，颇像小的火鸡，但总体而言外形似雁。它们的名字源于它们在建立和维护繁殖领地时会发出响亮而悠远的鸣声。叫鸭有3个种类，但人们对野生叫鸭缺乏足够的研究。表面上看，它们与其他雁形目鸟几乎毫无相似之处，但其解剖结构与鹊雁类似。叫鸭看起来很重，可实际上却并不重，因为它们的生理构造较为独特：在松弛的皮肤下面有一层小气囊，触摸时会有细碎的响声。叫鸭通过颤动这些气囊可以发出辘辘声，似乎是作为一种近距离的威胁。和鹊雁一样，叫鸭的飞羽分批脱换，而不像其他的鸭类、雁类和天鹅类那样，每年会有一个不会飞的时期。

吵闹的邻居

叫鸭的腿长而粗，足大，趾长，仅一趾根部微成蹼状。喙与其他水禽类的不同，下弯，更像火鸡的喙。叫鸭属雁形目的最大特点是同样具栉板（虽然并不很明显），黑颈叫鸭和冠叫鸭的栉板长于上颌内侧，角叫鸭长

知识档案

叫 鸭
目 雁形目
科 叫鸭科
2属3种：黑颈叫鸭、冠叫鸭、角叫鸭。

分布 南美洲。

栖息地 开阔、潮湿的草地和似沼泽的浅湖。

体型 体长70~95厘米，体重2.5~4.5千克。

体羽 黑色、灰色和棕色。两性相似。

鸣声 响亮的尖叫声。

巢 大型的植物巢材堆，通常筑于浅水中。

卵 窝卵数2~7枚；白色，略带浅黄色或浅绿色。孵化期40~45天。雏鸟很早离巢，自己从亲鸟嘴中取食。飞羽长齐需要60~75天。

食物 植物。

于下颌。当然，在骨骼方面，与其他雁形目鸟也存在许多相似之处。

叫鸭最常见的觅食行为是在领域内的浅水域中边走动（或涉水）边食草。由于身体轻巧，它们也会在漂浮的植被簇上行走。它们主要以根、叶、茎和肉质植物的其他绿色部位为食，也可能摄取少量的昆虫，特别是雏鸟。冠叫鸭还会食农业区的农作物。

叫鸭的尖叫声用于在繁殖前建起一块240平方米大小的领域，并在营巢期和育雏期进行维护。翼角处有两个尖锐的距突出，用于威胁和攻击入侵者。在叫鸭的胸肌里曾发现有碎裂的距，这样看来，争斗可能时有发生。

角叫鸭的角是一种细长的软骨组织，长15厘米，从前额突出来。它的功能不明，甚至不清楚它是否与其他体羽一起每年脱换一次。有人认为，角的长度与年龄有关，也许可以显示出作为一个潜在配偶的质量如何。

雌雄鸟形相似，配偶关系似乎为终生性，繁殖期很长。具体的繁殖时期主要受气温和降雨的影响，通常集中于9~11月，即南半球的春季；但黑颈叫鸭例外，它们年内任何时期均可繁殖。求偶炫耀目前缺乏研究，但大部分似乎都有宣布领域、翱翔飞行、

↗ 在巴西南部的马托格罗索州，2只冠叫鸭正站在水边眺望。冠叫鸭不仅在水中觅食（沼泽地植物），而且夜间栖息于水中的巢里。巢由树枝和植被筑成，位于近岸处。

向毗邻的配偶发出鸣叫等行为。配偶经常会齐鸣，并且相互之间梳理头部和颈部的羽毛。

• 以南美沼泽为家

所有叫鸭均为南美本地种，大部分都是定栖性，不过冠叫鸭会因气候条件和食物供应情况在冬季大规模集结迁移。黑颈叫鸭的分布范围最窄，仅限于哥伦比亚和委内瑞拉的低地。冠叫鸭见于安第斯山脉以东地区，北起玻利维亚西北部和巴西中部，南至阿根廷中部。角叫鸭则生活于东部低地，从哥伦比亚北部至玻利维亚东部和巴西中南部。

3个种类都栖息于沼泽地，同时也见于开阔的大草原上、池塘边和水流缓慢的小溪中。叫鸭的飞行能力很强，可以翱翔至相当高的空中——可能用于求偶炫耀，也能够轻松自如地栖于树上或矮灌林中。在高空飞翔时，叫鸭看上去颇似食肉鸟。

• 营巢于水中

叫鸭的巢筑于离岸数米内的浅水中。巢材主要为树枝，外加部分柔软的茎和叶，不从巢址以外的地方运回，而是用喙就近取材。两性共同筑巢。交配发生在陆上，雄鸟骑在雌鸟背上，啄住雌鸟的颈羽以保持平衡。窝卵数2~7枚，但通常为3~5枚。卵的重量范围从角叫鸭的平均155克至黑颈叫鸭的184克。孵化期约为45天，雌雄鸟轮流孵卵，替换时会相互鸣叫和梳羽。

雏鸟一孵化出来便覆有浓密的绒羽，随即离巢跟随亲鸟活动。刚开始几天，亲鸟会在夜间给雏鸟喂食，将食物放入它们张大的嘴里。角叫鸭的雏鸟一生下来就长有翼距。成鸟很少游泳，但雏鸟很频繁，尤其是和涉水的亲鸟在一起时。游泳时成鸟的羽毛会湿透，但雏鸟的羽毛有时会被亲鸟涂上油，应该是为了提高防水性。雏鸟的生长发育缓慢，长到75天左右才会飞。之后通常会继续和亲鸟一起生活1年或更长的时间。

至今人们尚未对叫鸭采取具体的保护措施。这一种类面临的主要威胁是栖息地的恶化和遭破坏。在某些地区，还包括人类的捕猎。黑颈叫鸭被世界自然保护联盟列为近危种，该鸟的数量估计仅为5 000~10 000只。冠叫鸭的数量被认为在100 000到1 000 000之间，并且形势稳定。而角叫鸭据大致估计不足100 000只，且数量在不断下降中。好在，角叫鸭繁殖能力旺盛，只要用心保护，是可以慢慢增加种群数量的。

隼 "女强人"的温柔

隼属于白天活动的猛禽，在鸟类王国里居食物链的顶端。如此优秀的精英，其反传统的精神让我们人类惊讶不已：与其他鸟类相比，隼科雌鸟往往比雄鸟体型更大、更强壮。它们是名副其实的"女强人"。但这些"女强人"在婚姻关系中并不压制它们娇小的丈夫。双方合作捕猎的时候，它们会一起分享大餐，而不是吃独食。

对大部分人而言，一提起隼，也许马上就会想到一只在路边盘旋的红隼，或是一只用于猎鹰训练的游隼。其实两者都是"隼"属中的一员，拥有长长的翅膀，生活于开阔地带。它们所属的隼科，为昼行性食肉鸟中第二大群体，与鹰科存在较大区别。隼科通常分为2个亚科：隼亚科（隼和小隼）、巨隼亚科（巨隼和林隼）。隼科与鹰科的区别不仅体现在最明显的筑巢方式和初级翼羽的换羽顺序（隼科从最外面的第4枚羽换起），同时也体现在生理结构上存在着细微差别，如隼科的胸腔更结实，颈较短，有特殊的鸣管等。两科的化石遗迹均源于至少3 500万年前的始新世，但各自进化的方向相当不同。隼科很可能起源于当时的南半球大陆，仅在300万年前才和北半球大陆分离。在那里，隼的原始多样性得到了保留：在至今发现的隼科10个属中，有7个为南半球独有的属。

• 没有一点肉食动物的样子

巨隼亚科为隼科两亚科中种类较少的亚科，主要限于南美，更确切地说分布在南美的新热带地区。种类包括与鸢一般大小、行为似鸦和兀鹫的巨隼，外形似鹰、在森林树阴层捕食其他鸟类和爬行类的林隼，以及独特的笑隼，后者栖息于相对开阔的森林和林地中，主要捕食栖息地中栖于树上的蛇。

各种巨隼（其中最为人们熟知的为凤头巨隼）是食肉鸟中（除鹫外）最不具有猛禽类特点的，很可能也是最原始的。它们为长腿的大型鸟，栖息于森林、草原或半沙漠地带，主要食昆虫、小动物、某些果实和芽以及任何可以觅得的腐肉。它们在一些地区很常见，看起来相当懒散，虽然必要时它们可以迅速地跑动或飞翔，但

隼的代表种类

1.笑隼，南美种类，有惹人注目的“面具”；2.斑林隼在食一只鸟；3.一只雌非洲侏隼，非洲种类；4.矛隼，最大的隼；5.西红脚隼；6.雄美洲隼，曾被称为雀鹰；7a.栖树的雄红隼；7b.盘旋飞行中的雌红隼；8.游隼；9.毛里求斯隼，限于毛里求斯岛；10.黄腹隼，分布于中南美洲，近来重新引入美国南部；11.凤头巨隼，墨西哥的国鸟。

在更多的时候，它们不是栖于树上就是像小鸡一样在地面踱步。巨隼会用强有力的脚爪将很沉的东西翻过来寻找食物，并常常与美洲鹫联手，但它们脾气暴躁，有时会强行逼迫其他的食腐者吐出腐肉。一些种类以单独觅食为主，而其他种类则时常成群聚集在昆虫群附近、垃圾场和刚犁过的农田中。2个栖于森林的种相对更特化：黑巨隼从貘身上捕捉扁虱作为美餐，而红喉巨隼成群生活，主要食胡蜂和蜜蜂的幼虫，并且常常为其他林鸟的混合群体站岗放哨。

林隼为一种长腿鸟，同时尾也很长，用以在其所栖息的茂密森林中穿行时掌控方向。靠近脸部的颈毛与鹞鹰的相似，表明其也具有出色的听觉。它们在快速追捕蜥蜴和小鸟时才会利用短而宽的翅膀进行飞行，平时则经常跟随成群的蚂蚁去发现后者惊扰起的昆虫及由此吸引的小动物。自成一属的笑隼外形非常醒目，有白色冠羽和黑色面纹。它可能是巨隼和林隼在林地的过渡形态。

● 小隼爱吃小动物

隼科为世界性分布，但在非洲大陆及其岛屿上种类最多，尤其是隼属的隼类。除了隼属的隼，隼亚科还包括体型较小的小隼和侏隼，分为花隼属、侏隼属和小隼属。其中，与麻雀一般大小的黑腿小隼为世界上最小的猛禽。这些小型隼见于亚洲、非洲和南美洲，即“冈瓦纳”古陆的组成部分。

隼属的隼类不筑巢，它们很可能起源于小隼类——后者就在其他鸟类的弃巢中繁殖，并产下白色的卵，这是典型的洞巢鸟的表现，但在隼科内绝无仅有。南美的斑翅花隼在灶鸟类（灶鸟科）或灰胸鹦哥的大巢内进行繁殖，而其解剖结构在许多方面与巨隼类似，故有时被归入巨隼亚科。非洲侏隼则在白头牛文鸟或群织雀的大巢里营巢，这种鸟在两性着色上的差异与其他数种隼类身上的差异遥相呼应。而另一种侏隼——亚洲的白腰侏隼营巢于由啄木鸟或拟在树上掘的旧洞，这一点与小隼属的5个种类一样。

在食物方面，侏隼普遍特化为食昆虫、蜥蜴和小鸟，或从地面觅食，

↗ 游隼是世界上分布最广的鸟类之一，在许多地方，它们甚至会出现在城市里。像图中的这位丹佛“居民”营巢于高楼大厦的顶上，主要以捕食鸽子为生。

知识档案

隼

目 隼形目

科 隼科

10属63种，分为巨隼亚科和隼亚科2个亚科。

分布 全球性，南极洲和非洲雨林除外。南美种数最多，但大部分隼属的隼类见于非洲。

栖息地 从常青雨林到干旱沙漠均有。

体型 体长14~65厘米，体重28~2.1千克。

体羽 主要为灰色、褐色、赤褐色、黑色或白色，下体颜色较浅，带有条纹图案。一般两性相似，但少数种类的成鸟存在较大差异，通常雌鸟大于雄鸟。雏鸟常常有别于成鸟，一般胸部有斑纹，其他方面则更接近于雌鸟。喙基蜡膜和裸露的脸部皮肤呈醒目的黄色或橙色，雏鸟为蓝色。腿为黄色，少数为灰色，小隼属的小隼类则为黑色。虹膜通常为深褐色，但在少数种类中为浅黄色或浅褐色。

鸣声 发出各种尖锐的喊喳声、啁啁声、咯咯声和嘶嘶声。

巢 绝大部分不筑巢，产卵于树洞、悬崖壁凹或其他鸟的旧巢中。只有巨隼类用树枝和碎片筑一凌乱的平巢。

卵 窝卵数1~7枚；浅褐色，带有鲜艳的砖红色斑。树洞营巢的小隼类的卵为白色。孵化期28~35天，雏鸟留巢期28~55天，通常由雌鸟照顾，雄鸟外出觅食带回巢中。

食物 主要从地面和树叶中捕食节肢动物和小型脊椎动物，或飞行捕食。一些巨隼类则食植物性食物或腐肉。

或从树干、树枝上捕食。小型的亚洲小隼（如菲律宾小隼）则善于在森林的树阴层追捕大型飞虫，或者在强有力的脚爪的帮助下捕食小鸟和蜥蜴。

亚洲小隼的典型特征是两性均为斑驳色体羽，而足部和蜡膜均为黑色。它们大部分成小群活动，成员常常紧挨在一起栖于树上，甚至一起分享猎物。至少有一个种类即白腿小隼，其成员还会将食物运送到同一个巢里，实行协作营巢，这在所有猛禽中显然只有红喉巨隼与其有共同之处。另外，侏隼和小隼在兴奋和炫耀时都会上下抽动尾巴，美洲隼等几种较小的隼类也有类似行为。

隼属的隼类在进化的最后几百万年里想必经历了一场世界性的辐射，在行为、鸣声和外形上相当统一，包括都长有深色的须纹。最小的隼类为名字中带“kestrel”的隼，共有10种，大部分见于非洲大陆及其岛屿上。其中，塞舌尔隼、毛里求斯隼和马岛隼并不比小隼大多少，并且也具有抽尾行为。

绝大多数“kestrel”类的隼都着下面两种颜色中的一种：美洲隼、红隼、黄眼隼、大黄眼隼、斑隼和澳洲隼主要为赤褐色（印度洋岛屿上的其他隼亦如此），而灰隼、灰头隼和马岛斑隼主要着灰色。黄眼隼、大黄眼隼和马岛斑隼的成鸟眼睛为浅黄色，斑翅花隼也是如此，而隼科其他所有种类的眼睛均为褐色。“kestrel”类的隼一般以昆虫和小型脊椎动物为食，并且大部分（并非全部）以在寻觅猎物时具有长时间盘旋的能力而出名。

在某些“kestrel”类的隼中，两性在色彩上保持一致，而另外一些则出入很大。此种现象也发生在红脚隼和西红脚隼中间，这一种类为小型候鸟隼，在体型和盘旋能力上与“kestrel”类的隼相似。它们分别在亚洲和欧洲繁殖，但一年中剩余的时间里都迁徙至非洲南部开阔的大草原和草地上。其中，东方的红脚隼迁徙的路程为猛禽类之最，从中国的黑龙江省至非洲南部，全长至少30 000千米。红脚隼南下时，选择印度至东非的海上路线，返回时则飞越阿拉伯半岛和喜马拉雅山脉北部。

在它们的非洲过冬地，红脚隼和成千上万只从欧洲过来的黄爪隼每年都会回到原先的栖息处，其中最大的栖息处容纳的隼多达10万只。这些栖息处通常在村庄等人类居住地附近，有多种外来引入的大树。这些鸟便从这些树上飞散开去捕食当地大量的白蚁、蟋蟀、大蜘蛛和蝗虫等。

红脚隼的雄鸟外形像灰隼，而雌鸟，白色或赤褐色的胸部带有黑色条纹，更像燕隼——旧大陆的另一类小型隼，见于欧洲、非洲、亚洲和大洋洲。燕隼类具长翅，飞行速度快，大部分猎物通过飞行捕获，主要有蜻蜓、甲虫和有翅白蚁等昆虫性食物，不过在繁殖期，雨燕等小鸟成为它们的主食。另外有2种隼也与燕隼相似，分别是栖息于北非沙漠地带的烟色隼和体型较大、繁殖于地中海岛屿和非洲沿海的艾氏隼。这2个种类均在夏末繁殖，这样，当它们喂养后代时恰逢有欧洲的候鸟迁徙到非洲，可以捕获那些易受攻击的候鸟幼鸟。同时，它们自己像燕隼一样也都是候鸟。不过它们几乎全部往马达加斯加岛迁徙，而燕隼则是迁徙至非洲大陆。

• 俯冲直下

大型的隼类为身体壮实、飞行速度惊人的鸟，翅长而尖，胸肌发达，尾相对较短。它们在全速飞行中捕杀猎物（主要为鸟），不是用脚爪将猎物猛击致死，便是用爪子将猎物拖到地面后用成锯齿状的强健的喙咬死。其中最著名的无疑是游隼，它们拥有其他鸟难以望其项背的飞行速度和精确度。它们从高空像子弹一样俯冲直下时的最大速度达180千米/小时，有可能还不止。对于任何人而言，一只全力俯扑而下的游隼都是一道叹为观止的景观。因此一直以来，在古老的鹰猎术（用猎鹰捕猎）中，上至国王

↗作为食物链的最高端，食肉鸟（如图中的游隼）自然摄入了积累在猎物脂肪中的杀虫剂。不过，杀虫剂带来的危害更多的是破坏繁殖机制，而不是体现在直接消化产生的反应上。尤其是DDT会使卵壳变薄，导致卵经常会在孵化期间破碎。

和酋长，下至平民百姓，游隼都是他们的首选猎鸟。

游隼也是所有食肉鸟中最具全球性分布的种类，其分布范围与其他许多隼类相重叠。在南美，游隼与大型的橙胸隼、中型的黄腹隼和小型的食蝠隼共存，这3种隼在颜色上均为黑色和橙色。在非洲，游隼与胸部为赤褐色的拟游隼和东非隼同处一地。此外，游隼还与大型、浅色的隼类即"荒原隼"发生重合，后者栖息于开阔地带，除了在空中捕猎也在地面捕猎。其中便包括整个隼科中最大的种类矛隼。矛隼居于北美和欧亚大陆的北极高纬度苔原，主要以雷鸟和地鼠为食，在不同的分布区分别以白色、灰色和褐色为主。其他的荒原隼还包括北美的草原隼、非洲的地中海隼、中东和中亚的猎隼以及印度的印度猎隼。

在澳大利亚干燥、广阔的内陆地区，也有2种大型的隼：灰隼和黑隼，均为食鸟类，但它们之间究竟存在何种亲缘关系尚不清楚。澳大利亚境内另外2种隼褐隼和新西兰隼也是如此，两者都大量分布，长得却奇形怪状，腿都相对很长，翅短，都在空中和地面捕食多种小动物。这些成对的种类凸显了对隼类亲缘关系理解中存在的不定性和问题所在。此外，还有一对具有不定亲缘关系的相对种：大小如鸽子、见于北美和欧亚大陆温带草原的灰背隼与栖息于非洲和印度的沙漠和棕榈树草原的红头隼，两者均为特化成食小鸟的猛禽。

●旧巢新用

隼属隼类的繁殖习性相当统一。从空中炫耀和栖木炫耀开始，通常以巢址为中心，雄鸟抬起翅膀，展示翼下的色彩，然后着陆，做出屈身动作，并发出鸣声。它们最常见的营巢方式有：筑巢于岩崖上的浅坑中，占用鸦、鹳等其他鸟类的旧树枝巢，或营于树洞中。如今，它们还会利用建筑物、巢箱、电线杆、高压线铁塔等设施来营巢。大部分种类在空间宽阔的领域内单对繁殖，但也有少数以小规模的繁殖群方式营巢，其中较为突出的便是黄爪隼在旧建筑物上的群体营巢。此外，红脚隼的2个种类在秃鼻乌鸦遗弃的繁殖群居地营巢，艾氏隼在近海岛屿的悬崖上营巢。而一对对的游隼和矛隼配偶可以前赴后继地使用那些固定的巢址达100年以上。在英国，猎鹰训练者从16世纪至19世纪发现的49个游隼营巢的岩崖中，至少有42个在第二次世界大战爆发前仍在使用。

隼类的卵大，为赤褐色，直接产于巢底。若放在阳光下观察，壳呈浅黄色，而鹰科种类的卵壳为浅绿色。孵卵任务主要由雌鸟担负，雄鸟捕猎供应食物，但在小的种类中，雄鸟有可能留于巢中而雌鸟外出觅食。孵卵的雌鸟暂时不需要的多余食物则会贮藏起来留待日后所用。

卵每隔两三天产1枚，孵卵则待一窝卵全部产下后才开始，所以雏鸟的年龄和体型相仿。雌鸟随后和雄鸟一起外出给雏鸟觅食。有些种类捕食相对大型且灵活的猎物特别是其他鸟类，配偶之间会进行合作捕猎，常常是小而敏捷的雄鸟与大而强壮的雌鸟联手向猎物发动袭击，一旦成功，双方共享大餐。飞羽长齐后的幼鸟通常在亲鸟的领域内再逗留一两个月，然后四处流浪，直至年底换上成鸟的羽毛，而后定居下来开始繁殖。

巨隼亚科的巨隼与其他隼不同，它们自己筑巢，为小树枝搭成的浅巢。红腿巨隼则偶尔会在松散的繁殖群中繁殖。至于林隼类，其繁殖栖息地很难找到，虽有6个种，但直至1978年才首次发现它们的巢——那是一个领林隼的巢，营造于一个天然树洞中。

• 让隼回归

由于DDT和狄氏剂等农业化学药剂的污染，游隼的成鸟发生中毒、卵壳变薄现象，胚胎死亡率提高，于是数量急剧下降，最终导致了20世纪六七十年代游隼在欧洲和北美的大片地区一度绝迹。在上述农药被禁用后，其数量得以回升。

世界各地其他的隼类数量也在减少，栖息地破坏和杀虫剂为主要威胁。不过，人们在尽一切可能来降低负面影响。毛里求斯隼的故事便是一个很好的例子。这种尾长、翅相对短而圆的鸟曾经栖息的森林遭到严重毁坏，导致该鸟的野生数量在1974年仅剩2对。幸亏大力进行人工繁殖，并采取富有创意的管理，如今至少有50对繁殖配偶，总数回升到了几百只。而为了实现这一目标，人们曾将它们放到次生林和灌木丛中去生活，那里有大量的绿壁虎和小鸟，包括数个外来引入的种类，可以供它们觅食。

在加勒比地区，凤头巨隼的一个岛上种群——瓜达卢佩巨隼，就没有这么幸运。它是迄今为止唯一灭绝的现代猛禽，大约绝迹于1900年。

火鸡 鸡科中的"战斗鸡"

火鸡，亦称吐绶鸡，是在墨西哥的瓦哈卡地方首先驯化成家禽的。火鸡体型比家鸡大3～4倍，可以算是鸡科中的"战斗鸡"了。嘴强大稍曲，头、颈上部裸露，有红珊瑚状皮瘤，喉下有肉垂，颜色由红到紫，可以变化。雄火鸡尾羽可展开呈扇形，胸前一束毛球。这些"包装"有利于它们获得雌鸟的青睐。

在欧洲移居者前往北美以前，火鸡在那里有广泛分布。当地土著人会对它们进行捕猎，而早期定居者也同样对这种鸟情有独钟，本杰明·富兰克林甚至提议将火鸡作为美国的国鸟（虽然未获成功）。然而，到了19世纪末，不加控制的大肆猎捕以及森林砍伐使之几近绝迹。火鸡能得以重获新生，是幸亏人们采取了有效的保护措施并实施"人工饲养繁殖——放回野生界"计划，如今在北美，火鸡的数量比欧洲移民者定居前更多，分布范围更广。通过指定具体季节进行有选择性的捕猎，美国各州的火鸡数量保持稳定。火鸡现在已重新成为一种受人欢迎的猎禽，同时又得到了有效的保护。

• 腿脚强健的大鸟

火鸡为大型鸟类，腿强健，雄鸟腿上有距。全科2个种类在体羽（尤其是尾羽）和雄鸟的腿距等部位存在差异。它们通常善奔走，但也能做短距离的快速飞行。2种火鸡的体羽有相似之处，不过体型小许多的眼斑火鸡没有普通火鸡雄鸟和部分雌鸟所具有的"胸毛"。2个种类的头部均裸露（普通火鸡的头部皮肤呈红色和蓝色，眼斑火鸡为蓝色并带红色和黄色斑点），具肉垂和其他用于炫耀的饰物。眼斑火鸡的距相比之下更细长，而它相对更圆的尾部带有独特的眼状斑纹，这种鸟的名字便由此而来。

• 火鸡来到欧洲

普通火鸡曾被认为必须栖息于大片未受破坏的森林中，而如今在栖息地和食物方面均已变成通化种。不过，这种鸟最喜居的似乎还是混合森林和农业区，另有些亚种更适应在美国西南部和墨西哥的干旱地区生活。

1519年，赫尔南·科尔特斯和他的西班牙征服者们返回后将火鸡引入欧洲，随后短短几十年间，火鸡在数

知识档案

火 鸡

目 鸡形目

科 火鸡科

火鸡属2种：普通火鸡，已发现6个亚种；眼斑火鸡，尚未发现亚种。

分布 普通火鸡广泛分布于美国东部和加拿大南部至美国的大平原和墨西哥（引入美国西部、夏威夷、澳大利亚、新西兰和德国）。眼斑火鸡则仅分布于尤卡坦半岛和危地马拉。

栖息地 从温带到热带的多种栖息地（其中尤其喜居林地和开阔的混合林）。

体型 体长90~120厘米；体重3~9千克，有些驯养个体可达18千克。雄鸟体重可为雌鸟的2倍。

体羽 一般为深色，泛有青铜色和绿色的亮丽金属光泽，尤其是雄鸟。主要的次级翼覆羽为醒目的古铜色（眼斑火鸡）。头和颈裸露。雄鸟胸羽的羽尖为黑色，雌鸟为浅黄色（普通火鸡）。

鸣声 类似于鸡叫和鸭叫。

巢 由雌鸟筑于地面，隐蔽性强。

卵 窝卵数8~15枚；米色，带褐斑。孵化期28天。雏鸟通常出生一晚后便离巢。

食物 主要食种子、坚果、浆果、块茎和农作物（如玉米），但也会捕食无脊椎动物和小型脊椎动物。

个国家得到广泛饲养。之所以对起源存在不同的表述，原因很可能是普通火鸡之前曾被北美土著人在不同地方都驯养过。

• 种子、坚果和浆果

2种火鸡均会食多种食物，不过以种子和浆果为主。而在美国部分地区，橡树果是当地普通火鸡的重要食物来源。火鸡有一个大的肌胃可以处理这些食物。在橡树林中，那些留在落叶层上独特的V字形刮抓痕迹，往往意味着普通火鸡的存在。食物的摄取会因季节和地区不同而各异，如秋冬季节以橡果等坚果为主，春夏则更多地食入绿色植物性食物和无脊椎动物。此外，火鸡还会捕食其他多种动物，诸如蜘蛛、蜗牛、蜥蜴、蛇和蝾螈等。

• 抢夺支配权

普通火鸡为一雄多雌制，一只雄鸟与数只雌鸟发生交配。雌鸟长到1岁时便开始繁殖，而雄鸟虽然在那时也达到了性成熟，但由于遭到来自年龄大且有经验的雄鸟的竞争，其繁殖行为常常受抑制。雄鸟通过复杂的炫耀来吸引异性：将尾羽展开成扇形，垂下并振颤初级飞羽，膨胀头上的饰羽，在它们传统的“展姿场”趾高气扬地四处走动，同时发出咯咯的鸣声。

交配发生后，雌鸟独自离开去筑巢。巢址通常离炫耀地不远，而巢为地面的浅坑，简单地衬以树叶。雌鸟单独孵卵，倘若暂时性离巢，即使是很短的时间，它也肯定会将卵掩盖起来。

雏鸟为早成性，出生后前2周由雌鸟喂养，夜间在雌鸟的照看下栖息于地面。待会飞后，雏鸟便栖息于树上，但通常仍会得到雌鸟的照顾。雏鸟以食昆虫为主，发育迅速。

同一窝的雏鸟生活在一起，直至6个月后，雄性雏鸟分离出来形成清一色的雄鸟群。这样的“兄弟群”自成一体，其他单独的雄鸟别指望加入它们的阵营中。由于在更大的群体中，年龄较大的雄鸟经常将年龄较小的雄鸟驱逐出去，因此幼小的兄弟群往往形成它们自己的集体。这期间对于年轻的雄鸟来说是一段艰辛的岁月，因为它们不仅要在自己的兄弟中间树立起支配权，而且还要帮助它们所在的兄弟群在整个群体中争得地位。它们会展开残酷的争斗，以翅膀和距为武器，可长达2个小时。曾有过争斗死亡记录。然而一旦树立起支配地位，接下来便很少会受到挑战。在群与群之间，通常是较大的群获胜；同样，一旦支配地位确立后，整个群体会变得相当稳定。

雌鸟也有等级之分，但不如雄鸟那般明显。总体而言，年龄较大的雌鸟主宰年龄较小者，而在群体对抗中胜出的“姊妹群”，其成员在与其他群体的个体竞争中似乎也会获胜。繁殖期来临时，雄鸟群体会解散，但兄弟群仍聚在一起。在展姿场，拥有支配地位的兄弟群，其成员获得的交配机会最多。

↗ 一只雄性普通火鸡展开绚丽的尾羽在它的林地栖息地里四下炫耀，吸引雌鸟做它的“后宫”。这种炫耀出现于春季。

麝雉 鸟儿也长“手”

为了能紧紧抓住树枝，保证“鸟”身安全，麝雉的幼鸟，肘部长出2只“小手”。等到它们长大成人可以独立觅食的时候，这多出来的“小手”就自行消失了。确实有些不可思议。不过，这不恰好证明了鸟类起源于爬行动物吗？

分类学者都同意麝雉应当被单独列为一科，但该科在过去习惯上被归入鸡形目，即“类似家禽的鸟”的集合，包括火鸡、雉、凤冠雉等，内部种类之间的亲缘关系尚不十分清楚。麝雉腿短粗、体羽粗糙、初级飞羽呈栗色、飞行能力弱，确实颇有几分像家养的母鸡。然而近年来的各种研究分析都一致表明，它应归入鹃形目。目前仍不确定的只是在鹃形目内，麝雉究竟与杜鹃（杜鹃科）还是与蕉鹃（蕉鹃科）的亲缘关系更密切。

• 消化似牛

麝雉的归类之所以复杂，其中一个事实是这种鸟是鸟类中最特化、最精细的食草者之一。关键的适应部位为它的前肠，约占体重的25%，如此之大，以致飞行肌退化，所以麝雉的飞行能力很弱。

多种植物的绿叶，尤其是芋类低位的嫩叶，占到麝雉食物的80%，剩下的食物来源为花和果实。麝雉在

知识档案

麝 雉
目 鹃形目
科 麝雉科
仅麝雉1种。

分布 南美洲北部、亚马孙河流域和奥里诺科河流域。

栖息地 雨林。

体型 体长60厘米，体重800克。

体羽 背部深褐色，下体浅黄色，腹两侧栗色；脸部皮肤呈铁蓝色；头翎为栗色，具深色末端；尾羽末端为浅黄色。

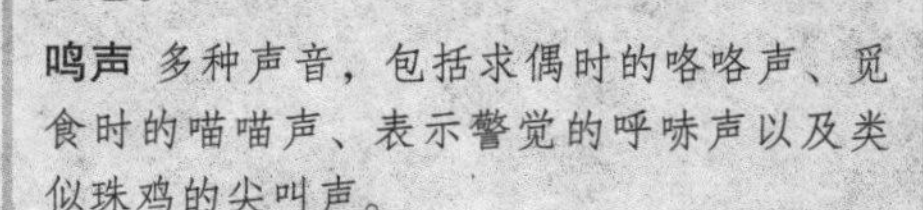

鸣声 多种声音，包括求偶时的咯咯声、觅食时的喵喵声、表示警觉的呼哧声以及类似珠鸡的尖叫声。

巢 筑于树上或大灌木中，通常位于水面上方。巢材为树枝。

卵 窝卵数通常为2~3枚（偶尔4或5枚）；浅黄色，带褐色或蓝色斑点；重30克。孵化期28天，雏鸟出生10~14天后开始独立觅食。

食物 沼泽地植物的叶、花和果实。

清晨和傍晚觅食。一般食草鸟（如松鸡），其植物性食物在后肠消化，而麝雉则在宽敞的前肠将植物发酵。在那里，各类细菌分解植物细胞壁的纤维素，和牛、羊等反刍动物以及袋鼠一样。为了实现这种降解，食物会在肠内滞留很长时间，其中流体植物性食物18小时，固体植物性食物则长达1~2天。这与羊的食物滞留期类似，可用以解释为何麝雉的排泄物稀湿，而松鸡排出的为圆柱状的纤维成分。此外，这同样可解释为何常常见到麝雉在树上栖息时会将胸部贴于树枝，它们是在让消化酶更好地发挥作用。

这种奇特的消化机制被认为是麝雉会产生一股难闻味道的根源所在。只要不受烦扰，麝雉可以生活在人类居住地附近，如运河边上。有些个体在动物园里以绿叶为食，已经存活了5年以上。

• 额外的“帮手”

麝雉成群生活，一般2~5只鸟在一起，有时会达到8只。相关的跟踪研究证实，这些群体为一对繁殖配偶外加它们之前抚育的后代（主要为雄鸟，因为雌鸟在长大过程中会扩散开去）。除了交配和产卵，这些额外的协助者会参与其他所有的繁殖活动，如领域维护、孵卵以及将植物性食物流体回吐给雏鸟，这种营养物富含细菌，由此将雏鸟日后进行食物发酵所需的微生物注入它们的肠内。

雏鸟长至2个月后开始会飞，出生50~70天后可以独立觅食，这时，麝雉“肘部”的爪子消失了。

麝雉一年四季群居，在繁殖期尤为明显。有时一棵树上会容纳数个巢。

夜鹰 长胡须的鸟

夜鹰其实并不在夜晚捕食。它们的觅食行为因为要靠视觉，所以主要发生在拂晓和傍晚时分。捕食飞虫，它们有两种手段，一种是静止不动，向猎物发动突然袭击；一种是飞行中捕捉。为了更好地捕捉食物，夜鹰中的亚科在喙基周围长有明显的口须。它们就像一张网一样，诱使昆虫飞入嘴中，同时保护眼睛不受昆虫的伤害。

夜鹰以它们奇特的鸣声出名，为夜行性鸟，捕食飞虫。由于白天栖息时一动不动，再加上伪装性很强的体羽，它们很难被发现。对于这种行踪隐秘的鸟，流传着许多迷信的说法，如苏拉威西岛北部的环颈毛腿夜鹰被称为“Satanic eared nightjar”（意为恶魔般的夜鹰），因为当地人相信这种鸟会啄出人的眼睛！欧亚夜鹰在英语里有另外一个奇怪的名字“goatsucker”（即“吸山羊奶的鸟”，在别的语言里也有同样意思的词语来指代这种鸟，如意大利语中的“succiacapre”），源于亚里士多德（公元前384~前322年）时期的一种迷信说法——这种鸟会在夜间从山羊的乳头上吮吸乳汁。这一说法的依据可能是因为夜鹰的喙裂特别宽，以及习惯在牲畜（包括给羊羔喂奶的山羊）周围觅食昆虫的缘故。

燕尾夜鹰的口须

对于这些口须的功能，一直没有定论。有一种观点认为，它们像触须一样起到感知作用，使鸟知道该何时闭上嘴咬住昆虫。

飞扬的旗帜

多数夜鹰看上去像大的柔软的蛾，成斑驳色，颜色主要为褐色、浅黄色、肉桂色和灰色。相对醒目的白斑或黑白斑一般隐藏于折起来的翅和尾内侧或喉上部，雄鸟在炫耀时会展露出来。夜鹰的嘴非常宽，可将大型的蛾一口吞下。翅长而尖，尾一般长而宽，在有些种类中或短或成凹形。

夜鹰亚科的种类在喙基周围有明显的口须，其功能一方面可能是像一

知识档案

夜 鹰
目 夜鹰目
科 夜鹰科
15属89种。种类包括：斑翅夜鹰、卡氏夜鹰、非洲夜鹰、欧亚夜鹰、普氏夜鹰、小夜鹰、波多黎各夜鹰、棕夜鹰、林夜鹰、灌丛夜鹰、美洲乌夜鹰、中亚夜鹰、三声夜鹰、美洲夜鹰、半领夜鹰、旗翅夜鹰、翎翅夜鹰、燕尾夜鹰、北美小夜鹰、牙买加夜鹰、非洲褐夜鹰等。

分布 遍布热带和温带地区（新西兰、南美

最南部和大部分海岛除外）。

栖息地 多数种类栖息于靠近草原和沙漠的森林边缘带，少数种类栖息于森林，在黎明、黄昏和夜晚活动。

体型 体长15~40厘米，体重25~120克。

体羽 具有隐蔽性的褐色、灰色和黑色，尾、翅和头部有白斑。雌鸟通常有别于雄鸟，表现为翅和头部的白色较少。一些热带种类具有特别长的翼羽或尾羽。

鸣声 响亮的反复性颤鸣声，雄鸟会发出口哨声，以及其他鸣声和振翅声。

巢 通常不筑巢，卵产于光秃的地面。

卵 窝卵数1~2枚；白色或浅黄色，常带斑。孵化期16~22天，雏鸟留巢期16~30天。

食物 昆虫。

张网一样，诱使猎物飞入它张开的嘴中，另一方面可能是保护眼睛不受硬质猎物如甲虫之类的伤害。美洲夜鹰亚科的种类无口须。

有些热带和亚热带种类的雄性成鸟翼羽或尾羽特别长，因此求偶炫耀非常引人注目。如非洲的翎翅夜鹰和旗翅夜鹰，有一枚内侧的次级飞羽极长，似一面旗；而南美的几个种类如燕尾夜鹰则有很长的尾羽。越来越多的证据表明，这些具有突出饰羽的种类往往与其他夜鹰不同，为多配制。2个非洲种类雄鸟的那枚特化的内次级飞羽在繁殖期结束后，就会脱落或被折断。

• 晋升“城市居民”

作为以食昆虫为主的鸟，夜鹰主要生活在热带地区，因此科内在暖和季节迁徙至温带的种类相对较少。在北美繁殖地最靠北的美洲夜鹰会迁徙至南美越冬，最南抵达阿根廷北部。欧亚夜鹰是唯一繁殖地遍及欧洲大部分地区和亚洲北部的夜鹰种类，同时它们也做长途迁徙，前往非洲过冬（在北起热带南至南非之间的地区）。此外，有一些热带种类在干旱季节因昆虫匮乏，也会进行短途迁徙。

美洲夜鹰亚科长期以来一直被认为仅限于新大陆，然而近年来发现热带非洲的非洲褐夜鹰，以及亚洲和澳大利亚的毛腿夜鹰属7个种类也属于该

亚科。夜鹰亚科则在各大陆的温带和热带地区有代表种类，其中最大的属夜鹰属，拥有种类不少于55种。

有数种夜鹰已适应在城市生活，营巢于平坦的建筑物顶，在城市上空捕食昆虫。如美洲夜鹰在北美已经成为驾轻就熟的“城市居民”，它们将巢筑于砾石覆盖的屋顶。斑翅夜鹰从1955年前后起就在巴西的里约热内卢定居。此外，还有林夜鹰，见于印尼城市雅加达和苏腊巴亚。

● 飞捕和突袭

夜鹰有2种主要的觅食手段。有相当一部分像鹟（捕蝇鸟）一样从栖木上向昆虫发动突然袭击。其他种类则在持续飞行中捕捉昆虫，与燕子颇为相似。有些种类在不同的时候2种方法都会用到，但主要特化为某一种。翅长而飞行本领出众的美洲夜鹰类非常善于飞捕昆虫，而其他种类如翅较圆的非洲夜鹰，则专门凭借突袭来觅得昆虫。但无论使用哪种技巧，主要猎物都是飞虫，并通常为甲虫和蛾，不过也会食其他多种类型的猎物，包括苍蝇、臭虫、蟋蟀、蜉蝣、草蛉、白蚁和飞蚁。有人认为夜鹰利用回声定位来捕捉夜行昆虫，这种观点在详细的研究中并未得到证实。相反，有相当多的证据表明夜鹰借助视觉来捕食。它们大部分的觅食行为出现在拂晓和傍晚时分，而在子夜会暂停捕食，因为太黑看不清飞行的猎物。此外，过去认为夜鹰张着嘴四下里飞行像“撒网”一样捕捉昆虫的观点在当代的研究中也显得站不住脚，虽然在

一只在晒太阳的棕颊夜鹰

在非洲南部和西南部的广阔区域进行繁殖后，棕颊夜鹰飞往北部的尼日利亚和喀麦隆过冬。

蚊子或白蚁密度很高时，夜鹰偶尔会采取撒网式方法，但对于单个的昆虫则都是采取追捕式手段。

美国南部的卡氏夜鹰（最大的夜鹰）有过捕食林柳莺等小型鸟类的记录，特别是在迁徙途中。此外，这种鸟也食地面的树蛙。

• 细心的亲鸟

夜鹰的繁殖期与昆虫的季节性繁盛期保持一致，在温带地区为暮春和夏季，在热带通常为潮湿季节末期。有些种类每年只产1窝卵，许多会产2窝，并且大部分（如果不是全部的话）若第一次产卵育雏失败会进行补育。大部分种类不筑巢，将卵产于地面。极少数种类筑巢于地面上方，如半领夜鹰将巢筑在水平方向的树枝上，而非洲褐夜鹰筑巢于棕榈叶的中叶脉上。

孵化的雏鸟绒羽柔软且图案精巧，使它们可以躲过掠食者的搜寻。但卵和雏鸟很少长时间无亲鸟照顾，尤其是刚出生的雏鸟，亲鸟会不离左右。亲鸟将回吐的昆虫喂食给雏鸟。雏鸟很活跃，孵化后数小时便能走动。而亲鸟常常鼓励它们走到离巢数米外的地方，那里相对较为安全。但认为夜鹰的亲鸟飞行时会带上雏鸟的观点是不确切的，亲鸟只是偶尔在飞离时会将幼小的雏鸟卷在体羽中。许

↗ 夜鹰的求偶

有些夜鹰具有壮观的求偶炫耀行为。1.美洲夜鹰的雄鸟在繁殖地上空从高处俯冲直下，然后在离雌鸟很近的地方向上折返，在这过程中某些翼羽内侧柔软的羽片在气流作用下会发出隆隆的声响；2.旗翅夜鹰的雄鸟绕着雌鸟做缓慢的鼓翅飞行，翅膀伸直扇动，产生一股上升气流，使加长型的内侧飞羽扬起，仿佛飘舞的旗帜。

多夜鹰用巧妙的迷惑手段将掠食者的注意力从卵和雏鸟身上转移开，常见的为“伤残迷惑”，即亲鸟佯装受伤在地上扑腾。

不同种类的亲鸟双方在孵卵育雏中担负的职责各不相同，通常实行分工制。如在非洲夜鹰中，更具保护色的雌鸟基本上在白天孵卵，雄鸟则负责夜间，双方共同负责给雏鸟喂食。在欧亚夜鹰中，雄鸟几乎不孵卵，但倘若雌鸟产下第2窝卵，那么第1窝雏鸟完全由它来照顾。相比之下，在实行多配制的翎翅夜鹰和旗翅夜鹰中，雄鸟不承担任何亲鸟义务。

北美小夜鹰是目前已知的唯一一种在冬季会长时间冬眠的鸟。霍皮印第安人称这种鸟为“hoechko”（意为睡鸟）。这种传统的民间认识在1947年得到确认，当时人们在加利福尼亚州南部的一处岩缝里发现了一只冬眠的北美小夜鹰。如今，人们已经普遍了解这种鸟会连续几个月一动不动，体温保持在很低的水平（约18℃），从而使它们在无昆虫食物的季节里将能量消耗降至最低。

● 零碎的证据

有7种夜鹰为全球性受胁。其中，牙买加夜鹰很可能已经灭绝，因为自1860年以来就没有再发现过。其他几种受胁种类同样鲜为人知，中亚夜鹰只在中国西部地区发现过一个样本，Nechisar夜鹰仅能从1990年在埃塞俄比亚南部一只在公路上被轧死的鸟所残留的一片翅膀中找到证据，普氏夜鹰仅见于民主刚果共和国东部山林的一个样本，波多黎各夜鹰于1961年被重新发现，目前为极危种，因为数量少（1989~1992年全球数量仅为712只）且森林栖息地在持续丧失。

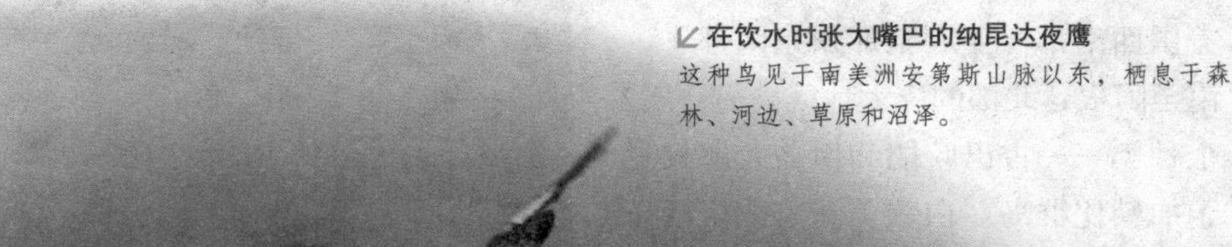

在饮水时张大嘴巴的纳昆达夜鹰

这种鸟见于南美洲安第斯山脉以东，栖息于森林、河边、草原和沼泽。

咬鹃 穿红绿袍子，戴羽冠

咬鹃是一种非常古老的鸟类，没有现存的近亲，它们主要栖息在热带森林中。凤尾绿咬鹃是世界上最美的鸟儿之一。雄鸟的穿的“袍子”对比色系强烈，相当拉风，而背部绿光闪闪，腹部则一片醒目的红色。这种鸟儿在饰品方面也讲究，它们头上“戴”着须发般的羽毛形成的冠。繁殖期的时候，雄鸟还会长出一对长长的中央尾覆羽。当它们在空中飞行时，犹如荡起片片涟漪，煞是好看。

咬鹃是色彩缤纷的热带森林鸟类。尽管直立的姿势、强健的喙和很短的腿使它们外表看上去像鹦鹉，但事实上它们在现存鸟类中没有关系密切的亲缘种，因此自成一目。它们两趾向前的结构虽与鹦鹉相似，但近看可发现第一趾和第二趾向后——这种结构为咬鹃所特有。咬鹃在新大陆的种类最为丰富，有3属23种分布在北起美国西南部（亚利桑那州东南部），南至阿根廷北部的广大地区。另一属2个种类——古巴咬鹃和伊岛咬鹃仅见于加勒比群岛。白领美洲咬鹃生活于多种不同类型和海拔高度的栖息地，从哥斯达黎加的潮湿热带森林到美国西南部海拔达2500米的干冷橡树林，不一而足。

有3个种类生活在非洲的潮湿热带区。其中最常见也是分布最广的绿颊咬鹃见于低地森林至海拔3300米的山地林中。斑咬鹃的分布范围与绿颊咬鹃重合，但该鸟仅限于高地森林中，主要在海拔1600米以上。

咬鹃属的11个亚洲种类分布在印度西部至中国西南部、东南亚大陆地区和印度尼西亚群岛之间的区域。其

↗ 红头咬鹃是咬鹃属的11个亚洲亲缘种之一，这种鸟的一大特征是尾羽的斑纹非常奇特。

中马来、印尼地区目前的咬鹃种类为该区域之冠，苏门答腊有8种，婆罗洲有6种。有几个种类的分布还相当广泛，如橙胸咬鹃生活于缅甸至马来西亚、泰国和中国西南部至爪哇的大片常青林中。

• 色如彩虹

咬鹃天生适于在树上生活。它们短粗的腿基本上无法走路，短而圆的翅膀和长长的尾巴却使其在空中游刃有余，甚至能做短暂的悬停，这对于从叶簇中或树枝上摘取果实，或捕捉小动物都很有帮助。结实（喙缘通常成锯齿状）的喙可咬碎坚硬的果实、杀死小猎物，以及在朽木或白蚁窝中凿穴营巢。其鸣声在人耳听来不够悦耳动听，却可穿透茂密的植被，传播很远的距离。

美洲的25种咬鹃羽色绚丽，上体为绿色、青铜色、蓝色或紫罗兰，下体为对比鲜明的红色、粉红色、橙色或黄色。雌鸟通常与雄性成鸟相似，区别主要在整体的色调强度有差异，或者仅仅是尾羽外缘的斑纹不同。不过，在有些种类中，雄鸟明亮的绿色或蓝色成分在雌鸟身上则由红褐色或炭灰色代替。非洲咬鹃属的3个非洲种类与美洲种类体羽极为相似，只是在脸部的裸露皮肤上有色彩鲜明的小斑点。咬鹃属的11个亚洲本地种不像非洲和美洲的种类那样，具有亮丽的金属色，但在头部、腰部或下体有醒目的猩红色、粉红色、橙色或肉桂色斑。亚洲种类的雌鸟羽色通常较雄鸟暗淡，但两性在眼眶周围均有皮肤裸斑。

知识档案

咬鹃
目 咬鹃目
科 咬鹃科
7属37种。种类包括：斑尾咬鹃、绿颊咬鹃、角咬鹃、橙胸咬鹃、红枕咬鹃、凤尾绿咬鹃、古巴咬鹃、伊岛咬鹃、白领美洲咬鹃等。

分布 非洲南部、印度、东南亚、马来西亚、菲律宾、美国亚利桑那州东南部、墨西哥、中南美洲和西印度群岛。

栖息地 从平地至海拔3 000多米的森林、林地和次生林。

体型 体长23~38厘米。

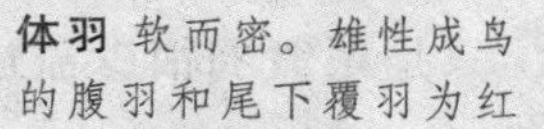

体羽 软而密。雄性成鸟的腹羽和尾下覆羽为红色、橙色或黄色，头、胸和上体通常为富有光泽的绿色或蓝色。雌鸟和幼鸟羽色与雄鸟相似或较暗淡。

鸣声 多种简单的声音，包括低沉粗哑的鸣声（如狗吠或猫头鹰叫）、颤鸣声、呜咽声和尖叫声。

巢 营于洞穴中。

卵 窝卵数2~4枚；白色或浅黄色至青绿色。孵化期为17~19天，雏鸟留巢期17~28天。

食物 昆虫、蜘蛛、小型蛙、蜥蜴、蛇和小型果实。

咬鹃科中最广为人知的种类见于墨西哥南部和中美洲的凤尾绿咬鹃，它们是世界上最美的鸟之一。其雄鸟上体一片绿光闪闪，下体为深红色，头顶由须发般的羽毛形成狭小、突起的冠。金属色的绿色翼覆羽长而弯曲，羽尖在翅膀合拢时超出翼缘之外。尾上覆羽同样发达，平时刚刚盖过暗黑色的中央尾羽，而在繁殖期，雄性成鸟会长出一对长度为整只鸟体长2倍的中央尾上覆羽，在这种鸟栖于枝头时，形成一道优美的下弯弧线，而在飞翔时，犹如在空中荡起片片涟漪。其他4种南美特有的绿咬鹃种类也同样华丽多彩，只是尾覆羽很少盖过尾尖。

↗ 白领美洲咬鹃为分布最广的咬鹃种类，从哥斯达黎加的雨林一直到美国西南部的一小片区域（在那里，这种鸟受到当地观鸟爱好者的青睐）。

• 囫囵吞“果”

果实和无脊椎动物构成了大部分咬鹃的主要食物。它们将带核的果实（包括鳄梨等）整个吞下，在消化了富含营养成分的肉质后，将核回吐出来。咬鹃用喙从叶簇中和树枝上捕食动物性猎物的方法与它们摄取果实的方法非常相似，即在空中做短暂的悬停，然后飞扑过去捕食。猎食对象通常为大中型的昆虫，如毛虫和蝉，而大型的咬鹃种类常常捕食小型脊椎动物，如蜥蜴和蛙。动物性食物在营巢繁殖期显得尤为重要，而繁殖期也一般与猎物最繁盛的季节相吻合。

鼠 鸟 懂得“享受”生活

这种大小似雀的小鸟真的很奇怪。从长相上看，你会觉得老鼠是它们的远亲，而且羽毛的质感很像鼠的皮毛，跑动起来又像老鼠在窜动。另外，它们双脚极其灵活，不但可以攀附树枝，而且还可用脚将食物送到嘴边。这种鸟儿是有闲阶层，很会享受生活。吃饱之后，常见两只鸟儿腹部相贴，悬挂在枝头晒太阳。

鼠鸟由于外形和行为似鼠而得名，其体型中等，身材粗短，体羽为褐色或灰色，尾很长，常成小群在厚密的灌丛中奔走或攀缘，在分布区很常见，具高度定栖性。在现存鸟类中没有关系密切的亲缘种，因此自成一目。鼠鸟生活在非洲多灌木的草原和林地中，也见于次森林、森林边缘带和干旱的荆棘丛，甚至会出现在花园和耕地里，但不栖于茂密的森林以及沙漠和山顶。它们常常出没于水域附近，但似乎并不大量饮水。

• 具不同色斑的攀缘者

鼠鸟的全部6个种类都很相似，羽毛相当蓬松，浑身主要为淡褐色或灰色，下体颜色较浅。2个属的区别主要在于骨骼特征不同。大部分种类具有醒目的色斑，如红背鼠鸟腰部有一栗色斑，白背鼠鸟腰部有一白色斑，蓝枕鼠鸟在背和头之间为浅蓝色斑。白头鼠鸟头顶为白色冠。几乎所有种类

飞翔的斑鼠鸟
它们以快速的扇翅飞行和滑翔从一棵树飞到另一棵树。

知识档案

鼠鸟
目 鼠鸟目
科 鼠鸟科
2属6种：斑鼠鸟、红背鼠鸟、白背鼠鸟、白头鼠鸟、红脸鼠鸟、蓝枕鼠鸟。

分布 非洲撒哈拉以南地区。

栖息地 开阔的林地、灌丛地带、荆棘丛、花园，茂密的森林和沙漠除外。

体型 体长30~35厘米，其中大部分为尾长（20~25厘米）；体重35~70克。

体羽 淡褐色或灰色，下体浅色，有蓬松的冠羽。某些种类的脸部或颈部有醒目的斑纹（为白色、红色或蓝色），尾特别长。两性相似。

鸣声 单一的口哨声或一连串嘁嘁喳喳的声音。

巢 露天的碗状结构，有时大而零乱，通常筑于密集的荆棘丛中。

卵 窝卵数一般为2~4枚；白色，带黑色或褐色条纹，大小为(20~23)毫米×(15~18)毫米。

食物 叶、果实和浆果，偶尔会食其他鼠鸟的幼雏。

都具冠（除了白背鼠鸟，这种鸟在脸周围为一圈裸斑）和长而坚硬的尾。它们的翅短而圆，飞行时通常先是一连串快速的扇翅飞行，发出呼呼的响声，然后滑翔相当长的距离。在树枝之间攀缘时，它们一般用中间两趾向前抓持，另外两趾异常灵活，可向前、向后或向侧面抓持。这使得鼠鸟在灌丛中能够灵活自如地攀缘（它们往往吸附于树枝下侧，而非栖于树枝上面），并且可以用脚将食物送到嘴边。

鼠鸟的喙短粗，类似于雀类的喙。主要食浆果、果实和其他植物性食物，包括对于其他脊椎动物来说有毒的花和叶。如有记录表明，它们会食有毒的夹竹桃，而这种植物的汁会被当地一些土著涂在箭头上用以射杀猎物。鼠鸟偶尔也食动物性食物，会残害同类的雏鸟。此外，有些种类会食入潮湿的泥土或黏土，可能是为了帮助消化（尤其是在下午，它们那时以食树叶为主）。鼠鸟全天觅食，但中间有多次休息时间，那时它们会成群聚集在一起。它们也会花大量时间来梳羽、洗尘浴和日光浴，也许是为了减少体外寄生虫的数量，而日光浴也有助于保持恒定的体温。

群居领域的维护者

所有种类都以家庭为单位生活，成员一般有3~20只。家庭成员全年都在一起，有时在树结果期间会形成更大的群体。鼠鸟具高度的群居性，群居成员之间经常相互梳羽，腹贴腹地悬于树枝上，夜间蜷缩在一起栖息。至少有4个种类能在夜间让体温下降，这是对体重低于正常值后的一种适应。由于鼠鸟特化的食物会使它们能量不足，因此这种行为有可能经常性地出现。

鸣声包括多种口哨声和嘁嘁喳喳的联络声，并特别用于领域的维护。通常在一声口哨声后，会有一群鼠鸟从某片灌丛中成一列离开，飞过空旷地，然后隐入邻近的另一片灌丛中继续觅食。

群体全年维护自己的领域。虽然大多数实行协作繁殖，由年轻的家庭成员（两性均有）充当协助者，但鼠鸟似乎主要还是（或全是）单配制。繁殖期一般在湿季，具体时期与果实的供应情况关系密切。求偶行为有雄鸟给雌鸟喂食、与雌鸟磨喙以及“跳跃炫耀”（见于4个种类中），主要表现为其中一只鸟（通常为雄鸟，但不尽然）坐于枝头或地面，然后有节奏地上下跳跃数分钟，最后以交配结尾。

鼠鸟的巢为露天碗状结构，巢材为细枝，筑于离地面数米高的密集荆棘丛中，通常相当零乱。在纳米比亚，斑鼠鸟和红脸鼠鸟的巢常常位于胡蜂窝附近。鼠鸟一般一窝产2~4枚卵，除了巢寄生的杜鹃外，其一窝卵的重量占雌鸟体重的比例为所有鸟类中最小。孵卵任务由双亲共同分担，有时甚至一起同时孵卵，偶尔由协助者孵，孵化期为11~15天。雏鸟在出生10天后可能还不会飞时便离巢，但在此后的4~6周内仍由家庭群体的各个成员喂以回吐的植物性食物，存活下来的雏鸟在会飞后一般还会与家庭成员共同生活一些时日。雌鸟比雄鸟更有可能离开群体。

↗ 一只红脸鼠鸟通过回吐半消化的食物来给雏鸟喂食

雏鸟出生仅几天就开始离巢，在附近的树枝上爬来爬去，但夜间会返回巢中。

鹦鹉 脚当手用

鹦鹉给人的印象是聪明、能说会道，然而鹦鹉身体的灵巧性也不容忽视。它的脚跟别的鸟类很不一样：2个外趾后向，2个内趾前向，成对握，这种构造可以让它们拿脚当手一样来灵活使用，递送东西到嘴边。而且据观察，鹦鹉也分左撇子，右撇子。另外，它们像抓钩一样的嘴，可以协助2只脚一起在树顶攀援。

美国前总统安德鲁·杰克逊的宠物鹦鹉曾留下了让人感到尴尬的一幕：在1845年杰克逊总统的葬礼上，这位黄颈亚马孙鹦鹉"政客"竟然口出污言秽语（也许是从说话不客气的主人那里学来的），结果引起公愤，被逐出庄严的葬礼仪式。不过，从中也可看到鹦鹉的活跃和聪明，只是有时过了头会使人难堪。鹦鹉不仅以学舌出名，它们的长寿也同样颇有名气。一些饲养的大型种类（如凤头鹦鹉类和金刚鹦鹉类）可活到65岁。然而，尽管人类饲养鹦鹉的历史可谓悠久，但真正完全被驯化的只有澳大利亚的虎皮鹦鹉，在西方，它很可能是除狗和猫之外最常见的家养宠物。

● 华丽的喧嚣

鹦形目特点显著，相当统一，下仅有鹦鹉科1科。多数种类体羽主要为绿色，辅以耀眼的黄色、红色或蓝色，其他种类主要为白色或黄色，少数为蓝色。鹦鹉科在大小上差异很大，小至侏鹦鹉，仅重10克，大至枭鹦鹉的雄性成鸟，重可达3千克，是前者的300倍。外形也各不相同，有许多种类优美细长，其他的则短粗矮壮。

虽然一些非典型种类（如澳大利亚的地鹦鹉）似乎主要为独居，但绝大部分种类为群居性鸟类，通常成对、成"大家庭"或成小群活动。偶尔，在条件适宜时，一些小型种类会成大群活动，如在澳大利亚的观鸟者有时可目睹不计其数的野生虎皮鹦鹉黑压压地密布天空。也许是基于"数大保险，人多安全"的原则，许多种类夜间栖息时也聚集在一起。集体栖息处通常位于传统栖息地，会年复一年使用；一般倾向为高大或孤立的树木，那里视野好，可以及时发现接近的天敌。亚洲的短尾鹦鹉类像蝙蝠一样，栖息时倒挂在树上，从远处看，很难辨别一棵大量栖息着短尾鹦鹉的枯树和一棵正常长满树叶的活树。

鹦鹉科为非常喧嚣的鸟类，声音尖锐刺耳。鸣声包括咔嗒声、吱吱声、咯嚓声、咯咯声、尖叫声等多种声音，其中许多非常响亮而难听。不过，澳大利亚的红玫瑰鹦鹉鸣声悦耳，似口哨声；而另一个澳大利亚种类红腰鹦鹉会发出婉转动听、抑扬顿挫的鸣啭，是最像在歌唱的鹦鹉。在一些种类中，配偶之间会一唱一和，交替发出鸣声。

由于存在诸多与众不同的特化特征，因此很难判定鹦鹉与其他鸟类之间的亲缘关系。它们经常被认为介于鸽形目和鹃形目之间，但鹦形目与这两目的关系显得有些牵强附会。虽然近年来基因技术迅速兴起，但至今仍无法破解鹦鹉的进化历程。这说明它们可能是从鸟类进化早期的某个谱系分化而来，是一个古老的群落。历史最悠久的鹦鹉化石源于距今5 500万年前的一种名为Pulchrapollia gracilis的鸟。它的遗骸发现于英格兰埃塞克斯郡沃尔顿岬角的始新世伦敦黏土层中。此外，在美国怀俄明州的兰斯组

原产于中南美洲的金刚鹦鹉具有亮丽的羽毛和嘈杂的鸣声，这也是大部分人对鹦鹉的典型印象。图中的金刚鹦鹉便展示了其鲜艳的色彩。

知识档案

鹦 鹉
目 鹦形目
科 鹦鹉科
80属356种。

分布 中南美洲、北美洲南部、非洲、南亚和东南亚、大洋洲和波利尼西亚。

栖息地 主要为热带和亚热带低地森林和林地，偶尔也栖息于山地林和开阔的草地。

体型 体长9~100厘米。

体羽 呈丰富的多样性，许多种类色彩鲜艳，其他种类以淡绿色或浅褐色为主。雌雄鸟通常在外形和着色上相似或相同，但也有一些种类明显例外。

鸣声 各种嘈杂声和刺耳的鸣声，一些饲养种类能够进行出色的效鸣。

巢 通常为树洞，极少数营巢于悬崖和土壤的洞穴中或白蚁窝里。有些种类群体营巢，巢材为草或细树枝。

卵 窝卵数一般1~8枚，具体取决于种类；一律为白色，相对较小，长16~54厘米。孵化期17~35天，雏鸟留巢期21~70天。

食物 主要食植物性食物包括果实、种子、芽、花蜜和花粉。偶尔也食昆虫。

白垩纪土层中，人们发现了另一块可能源于某只类似鹦鹉的鸟的化石。

鹦鹉以羽毛华丽而著称，一些大型的热带种类如南美的金刚鹦鹉系列，无疑是世界上最绚烂亮丽的鸟类之一。然而，尽管体羽鲜艳，但多数种类却能惊人地巧妙隐藏于树叶之间，它们的羽色与花和斑驳的光线融为一体。不过，澳大利亚的大型凤头鹦鹉却非常惹眼。它们一般呈白色、橙红色或黑色，大多数头顶具有醒目的竖起羽冠。多数鹦鹉的雌雄鸟在外形上相似或相同，但也有一些明显例外的种类。如澳洲王鹦鹉的雄鸟体羽为艳丽的猩红色，而雌鸟和幼鸟几乎完全为绿色。见于新几内亚和澳大利亚的红胁绿鹦鹉，雌雄鸟羽色差异极大，以致在很长一段时间里它们被认为是不同的种类：雄鸟体羽为翠绿色，翼下覆羽和胁羽为猩红色；而雌鸟体羽为鲜艳的大红色，腹羽和下胸羽为蓝紫色。这种鸟也是鹦鹉中唯一雌鸟比雄鸟更醒目艳丽的种类。鹦鹉的脚也与众不同：2个外趾后向，2个内趾前向，成对握。这种（对趾）结构不仅使它们抓握非常有力，而且可以将脚当成手一样来使用，即抓住东西递到嘴边。这种“动手”能力是其他鸟类难以望其项背的。不过，一些习惯于地面觅食的种类不具有这种能力。像人一样，鹦鹉也分左右手（对它们来说，为左右脚）。一项研究发现，在56只褐喉鹦哥中，28只始终用右脚抓食，其他28只则一直用左脚抓食。沿着栖木或在地面走动时，大部分鹦鹉都是趾向内翻，摇来晃去的步态着实滑稽。

● 用嘴如脚

鹦鹉科种类最具代表性的特征是它们独特的喙：下弯而微具钩的上颌与相对较小而上弯的下颌相吻合。上颌与头骨之间通过一个特殊的活动关节相连，从而具有更大的活动空间及杠杆作用。鹦鹉的喙为一种适应性很强的结构，它既可用于完成梳羽等细致活，也可以有力地咬碎最硬的坚果和种子。此外，鹦鹉的喙还可以当做第3只“脚”——像一只抓钩，和2只脚一起协助它们在树顶攀缘。而印度尼西亚的巨嘴鹦鹉则拥有一张异常巨大而呈大红色的喙，这一醒目的结构被认为是用以视觉炫耀的。

凤头鹦鹉的代表种类

1.橙冠凤头鹦鹉；2.葵花鹦鹉；3.黑凤头鹦鹉；4.棕树凤头鹦鹉；5.粉红凤头鹦鹉。

↗ **一群蓝头鹦哥聚集在秘鲁马奴国家公园的黏土盐碱层**

黏土盐碱层是崖壁和河岸上的腐蚀土层，鸟在上面食土可能是为了获得营养成分，也可能是为了中和食物中的毒素。

• 不是每只鹦鹉都会飞

鹦鹉在飞行能力方面也各异。总体而言，小型种类飞起来轻松自如，大型种类飞行相对缓慢费力。不过，同样也有不少例外。如南美的金刚鹦鹉虽身体庞大，飞行起来却非常迅速。虎皮鹦鹉及许多吸蜜鹦鹉具高度的移栖性，在觅食过程中能飞行相当远的距离。鹦鹉一般不做长途迁徙，但红尾绿鹦鹉和蓝翅鹦鹉例外。这2种见于澳大利亚东南部的鹦鹉均为候鸟，每年飞越200千米宽的巴斯海峡前往塔斯马尼亚繁殖。

鹦鹉飞行能力的差异与各种类不同的生态需求有关，而不同的生态需求又反过来体现在翅膀结构的差异上。总体来说，飞行迅速的种类其翅膀狭长，飞行缓慢的种类其翅膀相应宽而钝。新西兰的鸮鹦鹉具很短的翅膀，是唯一完全不会飞的鹦鹉。

鹦鹉的尾部结构也变化多端。如金刚鹦鹉和巴布亚鹦鹉的尾特别长而优美，几乎占到这些鸟总长的2/3。长尾可能起着重要的炫耀功能。而另一个极端是，蓝顶短尾鹦鹉的尾异常短钝，几乎为尾覆羽所遮盖。印度尼西亚和菲律宾的扇尾鹦鹉有醒目的加长型中央尾羽，由长而裸露的羽干组成，尖端扁平成勺形。其功能尚不清楚。新几内亚的侏鹦鹉的尾羽末端也为裸露的羽干，不过短而硬，类似啄木鸟的尾羽，帮助这些小型的鸟类在沿着树干攀缘和觅食时支撑身体。

犀鸟 最有安全意识的“头盔”鸟

犀鸟大概是鸟类界最有安全意识的鸟儿，它们从生到死，喙的上方都顶着一尊“头盔”，不同的种类“头盔”的颜色和形状各异。据说，这些“头盔”的作用，并非是为了保护它们的安全飞行，而是为了显示它们的年龄和性别，个别的还会兼具扩音器的功能。

大型的喙、头顶突出的盔、醒目的着色、多样的鸣声以及迅猛的扇翅动作，这些都让犀鸟显得不同寻常，几乎一眼就可以认出来。而它们的生物习性同样独特，尤其是繁殖习性堪称一绝：雌鸟在大部分营巢时间里都将自己封闭在巢穴中。犀鸟为旧大陆鸟类，与外形相近的新大陆巨嘴鸟并无亲缘关系，两者之间的相似性仅为趋同进化的结果。将近一半种类的犀鸟（24种）分布在非洲撒哈拉以南地区（包括马达加斯加岛），一半以上的种类（29种）见于亚洲南部。另有新几内亚的花冠皱盔犀鸟孤身东扩至所罗门群岛。大型的森林种类，包括除1种以外的所有亚洲种类和7个非洲种类，在各自的栖息地都是最大的食果类飞鸟之一，对于许多林木种子的扩散起着极为重要的作用。有10多种非洲种类和1个亚洲种类栖息于草原和林地中，主要为食肉类。弯嘴犀鸟类大部分为小型种类，如德氏弯嘴犀鸟，以食昆虫为主。另外，还有大型的地犀鸟属2个种类，尤其是其中的地犀鸟，乃是最大的空中掠食者之一。

↗ 一只非洲的雄黑盔噪犀鸟向人们展示了犀鸟最典型的特征：巨大的喙和醒目的盔。盔尽管看上去很坚实，但实际上相当轻，因为里面中空，仅由很薄的骨质结构支撑。

• 犀鸟的近亲

大量的解剖学、分子学和行为学方面的证据表明，与犀鸟亲缘关系最密切的是戴胜科的戴胜和林戴胜科的林戴胜。其中戴胜与小型的弯嘴犀鸟尤为相似，两者都集中分布在非洲，生活习性都具有地栖性和树栖性。各种证据显示，这3个科的原种应该起源于非洲。

非洲的犀鸟（除了2种地犀鸟外）相互之间的亲缘关系较之它们与东方犀鸟种类之间的关系更为密切。弯嘴犀鸟类是最小的犀鸟群体，分为14种，包括变异的白冠弯嘴犀鸟。其中有数个种类的幼鸟与雄性成鸟相似（其他许多犀鸟也是这样）。大型的噪犀鸟种类则不同，幼鸟的脸部为褐色（在其中长有肉垂的较大种类中，这种褐色扩展到整个头部和颈部），而雌性成鸟保留了这一着色，只有雄性成鸟才变成黑色。在东方种类中，如印度灰犀鸟和斯里兰卡灰犀鸟,以及斑犀鸟类中的印度冠斑犀鸟等，幼鸟也与雄性成鸟相像，但两性成鸟在喙、盔的大小和形状上极为相近。而在皱盔犀鸟属和犀鸟属的其他大部分东方种类中，如白颊犀鸟，幼鸟和雄性成鸟相似，头部或着浅色，或为褐色，雌性成鸟则变为黑色。

2种地犀鸟与其他各种犀鸟的区别在于颈椎骨数量不同、巢的入口不封堵及不采取其他形式的卫生措施。它们普遍被认为具有很强的原始性，与

一只东南亚的马来犀鸟衔着一只老鼠回巢

像大部分犀鸟一样，这种鸟也为杂食性，食物从果实和昆虫到叶簇中的小动物不一而足。

知识档案

犀 鸟
目 佛法僧目
科 犀鸟科
9属54种。

分布 非洲亚撒哈拉以南地区、阿拉伯半岛、巴基斯坦、印度、东南亚及其岛屿（东至新几内亚）。

栖息地 多数种类栖息于森林，约有1/4的种类（非洲种类仅1种除外）栖息于草原。

体型 体长30~160厘米（包括盔犀鸟特长的中央尾羽），体重0.085~4.6千克；翼展可达180厘米。雄鸟通常比雌鸟大10%左右，喙长15%~20%。

体羽 以黑色和白色为主，不过有些种类以灰色和褐色为主。犀鸟除黑色素外体羽似乎无其他色素。喙、盔、脸部和喉部裸露皮肤、眼、足通常着色丰富鲜艳，有黑色、红色、蓝色和黄色等。幼鸟在体羽、脸部皮肤、眼、喙及盔的颜色和结构方面与两性成鸟存在差异。

鸣声 有多种声音，从基本的咯咯声和口哨声到柔和的呼呼声、低沉的隆隆声、嘈杂的喧嚣声和尖叫声不一而足。

巢 营巢于树洞、崖洞或岸上泥洞等天然洞穴中。在绝大部分种类中，雌鸟将巢的入口封堵起来，只留一道狭窄的垂直缝隙。

卵 窝卵数在较大种类中为1~2枚，小型种类可多达8枚；椭圆形，白色，壳有明显的凹陷；孵化期25~40天，雏鸟留巢期45~86天，具体取决于体型大小。

食物 为食虫类和食果类，另有2个种类为食肉类。

其他种类差异明显，应当成立一个独立的亚科，即地犀鸟亚科。但与其他非洲种类不同的是，它们与东方种类有着相似性，尽管这种关系初看并不明显。地犀鸟与大型的林栖性东方犀鸟（为犀鸟属中的种类）有一个共同的特征，即舐腺由一簇特别密的羽毛所遮盖，这簇羽毛的用途是能促进舐腺油脂的利用，使鸟更好地把它们的喙、盔和白色的体羽部位染成红色、橙色或黄色。

如果仅有这一点相似，那么有可能是纯属巧合，然而另一个事实是，地犀鸟与部分东方犀鸟都长有一种特别的羽虱。而长有这种羽虱的东方犀鸟为群居性的凤头犀鸟属种类，如凤头犀鸟，在犀鸟科内也属原始种类，只是体羽模式大部分与皱盔犀鸟的种类相似。

独特的盔

犀鸟的喙很大且与众不同，这或许可用以解释为何犀鸟是唯一一种前两节颈椎（寰椎和枢椎）融合在一起的鸟。喙长而下弯，上下颌尖充分吻合，像一把灵巧的钳子；喙的内缘为

犀鸟的代表种类

1.双角犀鸟嘴里衔着果实；2.白头犀鸟，仅见于菲律宾的棉兰老岛及邻近岛屿；3.红弯嘴犀鸟，弯嘴犀鸟中较小的种类，以食昆虫为主；4.棕颈犀鸟，为濒危种，数量不足1万只；5.盔犀鸟的盔非常独特，为实心，这种鸟的头骨占到体重的10%；6.红脸地犀鸟，两种非洲地犀鸟之一，以鸣声响亮而出名。

锯齿状，可咬碎食物。盔位于喙的上方，最简单的形式为一条狭长的、用以加固上颌的脊。但在许多种类中，盔常常进化为某种特殊的结构，如圆柱形、上翻形、褶皱形，或是胀大形，有时盔的大小甚至超过了喙本身的大小。

幼鸟的盔都只有初步发育，而大

部分种类的成鸟中，雄鸟的盔相对更大更复杂。除了1种犀鸟（盔犀鸟），其他所有种类的盔外层为很轻的角蛋白鞘，里面由薄的骨质结构支撑，其用途很可能是为了显示个体的年龄、性别和种类。

在大部分非洲噪犀鸟种类中，如黑盔噪犀鸟，雄鸟的盔特别大且与口腔相通，而它们的鸣声带鼻音，很可能便是盔具有放大声音的功能。在大型的亚洲犀鸟种类中，盔大且形状特别，如双角犀鸟的双角盔和马来犀鸟的上翻盔，可用于搏斗或击落果实。而盔犀鸟的盔无疑最特别，在短直的喙上方为一块实心的角蛋白，被称为“犀鸟的象牙”，和头骨一起可占到这种鸟体重的10%左右。它可当做一种有用的挖掘工具，从树洞或朽木中凿出小动物，而在雄鸟之间进行维护领域的空中较量中自然是它们出击的“重拳”。

犀鸟的翅宽，在较大种类的飞行过程中，当气流通过飞羽根部时会产生一种嗖嗖的声音。由于没有翼下覆羽（犀鸟的另一大特征），因此这种气流声相当明显。在有些种类中，这种声音因气流掠过短而硬的外侧初级飞羽而变得更响。大部分种类的尾羽很长，尤其是白冠弯嘴犀鸟和盔犀鸟，后者的一对中央尾羽可长达1米。少数犀鸟尾羽较短，包括几种尾羽为白色的皱盔犀鸟（如花冠皱盔犀鸟）和2种地栖性的地犀鸟。

犀鸟的头部和颈部在颜色和形态上也颇为引人注目。眼睛的着色常常是各个种类各不相同，甚至两性之间也不一样（如黑嘴斑犀鸟等一些斑犀鸟属和犀鸟属的种类）。眼周围和喉部裸露皮肤的着色可用来辨别一只犀鸟的种类、性别和年龄。在有些种类中（地犀鸟和某些皱盔犀鸟），喉部皮肤甚至可膨胀，或像肉垂一样悬下来，此外，黄盔噪犀鸟也是如此。犀鸟的其他特征还有，眼睫毛长，腿和脚趾相对短粗，足底宽，3个前趾的基部融合在一起等。

• 果实散布者

大型的林栖性犀鸟主要为食果类，大多数为了寻觅结果的树木而进行大范围的活动。果树的零星式分布和结果的无规律性意味着这些鸟不具有领域性，而是倾向于成群一起觅食。它们用长长的喙和颈啄取果实，抛到空中后吞人食管，用短粗的舌头帮助咽下。难消化的残留物如种子和果核，通常在远离母树的地方被回吐出来或排泄掉，因此有助于种子的散布。人们曾观察到处于繁殖期的犀鸟一次觅食可吞下185颗小果实，然后带回巢中回吐出来喂给雏鸟。有一只繁殖的雄银颊噪犀鸟，在它120天的繁殖

↗ 在非洲，一只雄红喙弯嘴犀鸟将食物送给它躲在树洞里等待产卵的配偶。这种在繁殖期间将巢封闭起来的做法在所有犀鸟中独树一帜。

期内，觅食1600趟，估计运送果实达24000枚。此外，犀鸟若遇到小型的动物性食物，也会“开荤戒”，特别是在繁殖季节，有些种类会主动觅食动物性食物，可能是为了给发育中的雏鸟提供额外的蛋白质补充。

大部分小型的弯嘴犀鸟主要为食虫类，在方便时才会摄取一些小动物和果实。多数种类为定栖性，通过复杂的炫耀维护一片永久性的领域。不过，有些习惯于多雨季节在开阔草原上繁殖的非洲种类，在随后的干旱季节因食物供应减少会被迫进行大范围的转移。

除了上述两大觅食习性外，还有其他一些特例。大型的东方森林犀鸟如白冠弯嘴犀鸟和盔犀鸟为定栖性种类，前者在叶簇和地面耐心觅食小动物和果实，后者在无花果不足时,会从朽木和松动的树皮中啄食猎物。小型的非洲森林种类如斑尾弯嘴犀鸟和冕弯嘴犀鸟，一般以果实为主，并且在非繁殖期常常会成群觅食，不过在它们的食物中仍然包括不少小动物。但只有大型的地犀鸟才是真正的食肉类，它们用镐一样的喙来制服野兔、龟、蛇、松鼠之类的大猎物。

• “闭门修炼”

犀鸟的性成熟期为1~6岁（前者为弯嘴犀鸟类，后者为地犀鸟和犀鸟属种类），具体依体型而定。野生犀鸟的寿命未知，但小型的人工饲养种类通常可以活20年以上，较大种类的寿命更是可超过50岁。繁殖季节主要取决于食物类型，如林栖性的食果类，由于果实全年可得,几乎没有季节性，相比之下，栖息于草原的食虫类，集中在暖和、潮湿的夏季繁殖。

在大型的森林种类中，正式繁殖前通常会有对雌鸟的求偶喂食、相互梳羽、交配、寻找巢址等行为。大部分种类具有响亮的鸣声，在定栖性种类中用以宣称和维护领域，在移栖性种类中用于进行远距离交流。在有些种类中，鸣声会伴以各种醒目的炫耀行为，如栖于开阔草原的小型弯喙犀鸟类。在那些不只是维护巢周围区域的非食果类中，领域的大小从10公顷（红喙弯嘴犀鸟）至100平方千米（红脸地犀鸟）不等。

犀鸟营巢于天然洞穴中，通常为树洞，但也有岩洞和岸边泥洞。除了2种地犀鸟，几乎其他所有种类的雌鸟都会将巢的入口封堵起来，只留一道狭小的垂直缝。一开始雌鸟从外面用泥土筑巢，而当它进入巢内后，便用自己的粪便（通常会掺和难消化的食物回吐物）筑巢。有些种类的雄鸟会帮助运来泥块或黏性食物，而在少数种类中，如噪犀鸟类，雄鸟会在食管中将泥土和唾液拌成特别的丸状物，然后回吐给巢内的雌鸟，用以筑巢的入口。此外，雄鸟还会衔来巢的衬材，如干树叶或树皮。

在有些属中（噪犀鸟属、盔犀鸟属和菲律宾犀鸟属），雄鸟会负责随后整个营巢期内雌鸟和雏鸟的喂食任务。在另外一些属中（弯嘴犀鸟属、犀鸟属和斑犀鸟属），雌鸟常常在雏鸟发育到一半时便破巢而出，协助雄鸟觅食，而它们的雏鸟会自己将巢重新封堵起来，等会飞后才出来。垂直的缝隙对居于巢底、低于缝隙的鸟来说，具有良好的空气流通性（通过对流），同时很小的开孔和木质的巢壁提供了很好的绝热性。而封闭式的巢以及长长的备用逃离通道（通常位于巢上方）具有较好的保护性，可避免争夺者和掠食者的侵扰。

雄鸟通常将单件的食物衔于喙尖带回巢，或将许多果实吞入食管后，通过缝隙一次一个喂给雌鸟和雏鸟。只有生活在干旱的纳米比亚沙漠的蒙氏弯嘴犀鸟一次将数件食物夹在喙中带回巢喂食。难消化的食物回吐物和残骸通过缝隙吐出，粪便也从这里排出。在大部分种类中，雌鸟在繁殖期间同时脱换所有的飞羽和尾羽，一般在产卵时脱羽，待出巢时便重新长齐。与上述犀鸟的基本繁殖模式不同的是，地犀鸟的雌鸟并不封巢（虽然它在孵卵期和育雏早期也坐于巢中，并由雄鸟和协助者喂食），食物以食团形式（多种食物混合在一起）喂送，排泄物和食物残留物并不排出巢，此外也不见特别的换羽现象。

大部分犀鸟为单配制，配偶双方共同担负营巢和随后的育雏，分工明确，雌鸟看雏，雄鸟觅食。然而，有数个属的部分种类会进行协作育雏，某些个体（一般为成熟的雄鸟以及幼鸟）自己不繁殖，而是协助其他配偶育雏。这些种类的特点是成群生活（在凤头犀鸟中规模可达到25只），而且未成鸟的着色往往与成鸟差别很大。据报道，协作繁殖现象见于多种不同形态和生物习性的犀鸟中，包括红脸地犀鸟、白冠弯嘴犀鸟、白喉犀鸟、噪犀鸟、棕犀鸟等。事实上，犀鸟科也许是协作繁殖比例最高的鸟科，可能有1/3的种类都实行这一繁殖方式。

• 危险的岛屿种类

有数种犀鸟在它们的整个分布范围内都出现了数量大幅减少之势。而仅栖于单个岛屿或小型群岛的种类处境更危险，因为它们原本就稀少的数量很容易受到栖息地破坏的影响。其中，菲律宾群岛的黑嘴斑犀鸟形势最危急，而印度的拿岛皱盔犀鸟和印尼的松巴皱盔犀鸟以及其他岛屿种类，也同样面临着严重的威胁。总体而言，大陆上的犀鸟分布相对广泛，不过西非雨林中的褐颊噪犀鸟和黄盔噪犀鸟、博茨瓦纳和津巴布韦干燥的柚木草原上的南非弯嘴犀鸟，以及亚洲的棕颈犀鸟和白喉犀鸟，也都分布有限、数量下降，值得关注。

↗ 一只东南亚的皱盔犀鸟用它那食品钳一样的彩喙从一棵无花果上摘取果实。

巨嘴鸟 嘴大有福

巨嘴鸟长着名副其实的大嘴巴子，有的种类还将它们的大嘴巴“打扮”得相当艳丽夺目。虽然，它们的这一武器具有很大的杀伤力，但基本上它们是一群仁爱的“素食主义者”，以食浆果和种子为生。偶尔，也会开开荤，捕杀昆虫和某些脊椎动物。有的种类，不善于控制它们恶劣的本性，会打劫别的鸟儿的鸟巢。

巨嘴鸟类最显著的特征便是它们巨大而绚丽的喙。其中喙最大的当数雄巨嘴鸟，体长79厘米，喙长就占了将近23厘米。巨嘴鸟频繁见于人类的各种作品中，俨然成了美洲热带森林的传统象征。在鸟类极大丰富的热带，或许只有蜂鸟比它更吸引艺术家们的目光。巨嘴鸟科与拟鴷科有密切的亲缘关系，起源于一个共同的美洲原种。一些分类学者认为巨嘴鸟类与美洲的拟鴷种类应当组成一个科，独立于其他拟鴷种类。其他学者则倾向于将各种拟鴷和巨嘴鸟归为同一科的2个亚科。然而，巨嘴鸟类在生理结构和遗传基因上的统一，以及表现出诸多不同于其他鸟类的独特特征，使这个富有特色的群体更适合自成一科。

● 好厉害的一张大嘴

巨嘴鸟的喙实际上很轻，远没有看上去那样重。外面是一层薄薄的角质鞘，里面中空，只是有不少细的骨质支撑杆交错排列着。虽然有这种内部加固成分，巨嘴鸟的喙还是很脆弱，有时会破碎。不过，有些个体在喙的一部分明显缺失后，照样还可以生存很长时间。巨嘴鸟的舌很长，喙缘呈明显的锯齿状，喙基周围无口须。脸和下颚裸露部分的皮肤通常着色鲜艳。有几种眼睛颜色浅的种类在（黑色）瞳孔前后有深色的阴影，使它们的眼睛看起来成一道横向的狭缝。

数个世纪以来，自然学家一直在研究巨嘴鸟这种如此夸张的喙究竟作何用途。其实巨嘴鸟的巨嘴能使这些相当笨重的鸟在栖于树枝较粗的树冠上时，能够采撷到外层细枝（不能承受它们的重量）上的浆果和种子。它们用喙尖攫住食物，然后往上一甩，头扬起，食物落入喉中。这一行为可解释喙的长度，但没能解释其厚度和

巨嘴鸟的代表种类

1.一只绿巨嘴鸟在鸣叫；2.黑嘴山巨嘴鸟在攀上枝头时露出腰部的一抹黄色；3.一只栗嘴巨嘴鸟扬起头使夹于喙尖的食物吞入喉部；4.一只巨嘴鸟在觅食；5.圭亚那小巨嘴鸟在寻觅巢穴；6.一只飞翔的橘黄巨嘴鸟；7.一只领簇舌巨嘴鸟准备离巢。

艳丽的着色。巨嘴鸟以食果实为主，食物中也包括昆虫和某些脊椎动物。一些巨嘴鸟会很活跃地（有时成对或成群）捕食蜥蜴、蛇、鸟的卵和雏鸟等。有些巨嘴鸟会跟随密密麻麻的蚂蚁大军捕捉被蚂蚁惊扰的节肢动物和脊椎动物。打劫鸟巢时，巨嘴鸟五彩斑斓的巨喙常常使受害的亲鸟吓得一动都不敢动，根本不敢发起攻击。只有在巨嘴鸟起飞后，恼怒的亲鸟才会进行反击，甚至会踩在飞行的巨嘴鸟的背上，但在后者着陆前，亲鸟会谨慎地选择撤退。巨嘴鸟的喙同样使它们在觅食的树上对其他食果鸟处于支配地位。此外，也可以有助于不同的巨嘴鸟种类相互识别。如在中美洲的森林里，黑嘴巨嘴鸟和厚嘴巨嘴鸟的体羽如出一辙，只有通过喙（和鸣声）才能区分。其中厚嘴巨嘴鸟的喙呈现出几乎所有的彩虹色（七色中仅缺一种），从这个意义上而言，它的另一个名字彩虹嘴巨嘴鸟也许更贴切。而它的亲缘种黑嘴巨嘴鸟的喙主要为栗色，同时在上颌有不少黄色。巨嘴鸟的喙还可用来求偶，因为雄鸟的喙相对更细长，犹如一把半月形刀，而雌鸟的喙显得短而宽。

• 居于雨林

大型的巨嘴鸟类，即巨嘴鸟属的7个种类，主要栖息于低地雨林中，有时会出现在邻近有稀疏树木的空旷地上。在海拔1 700米以上的地方很少看到它们的身影。它们的喙成明显的锯齿状，成鸟的鼻孔隐于喙基下面。体羽主要为黑色或栗黑。大部分鸣声嘶哑低沉，但黑嘴巨嘴鸟的鸣啭（“迪欧嘶，啼—哒，啼—哒”）在远处听

知识档案

巨嘴鸟

目 䴕形目

科 巨嘴鸟科

6属34种。属、种包括：簇舌巨嘴鸟属如领簇舌巨嘴鸟和曲冠簇舌巨嘴鸟，另有黑嘴山巨嘴鸟、扁嘴山巨嘴鸟、绿巨嘴鸟、黄额巨嘴鸟、橘黄巨嘴鸟、圭亚那小巨嘴鸟、茶须小巨嘴鸟、厚嘴巨嘴鸟、巨嘴鸟、红嘴巨嘴鸟、黑嘴巨嘴鸟等。

分布 美洲热带地区，从墨西哥中部至玻利维亚和阿根廷北部，西印度群岛除外。

栖息地 雨林、林地、长廊林和草原。

体型 体长36~79厘米（包括喙），体重115~860克。雄鸟的喙通常比雌鸟的长。

体羽 黑色配以红色、黄色和白色，或黑色和绿色辅以黄色、红色和栗色，或全身以绿色为主，或以黄褐色和蓝色为主，搭以黄色、红色和栗色。两性在着色上相似，小巨嘴鸟类和部分簇舌巨嘴鸟类除外。

鸣声 一般不悦耳，常常似蛙叫声、狗吠声，或为咕哝声、咔嗒声或尖锐刺耳的声音。少数种类拥有优美动听的鸣啭或忧伤的鸣声。

巢 营巢于天然洞穴中。有些会入住啄木鸟或大型拟䴕的弃巢，或直接驱逐巢主后进行扩巢。

卵 窝卵数1~5枚；白色，无斑纹。孵化期15~18天，雏鸟留巢期40~60天。

食物 以果实为主，也食昆虫、无脊椎动物、蜥蜴、蛇、小型鸟类及鸟的卵和雏鸟。

起来相当悦耳动听，红嘴巨嘴鸟的鸣声也是如此。它们会反复鸣叫这样的音符。

簇舌巨嘴鸟属的10个种类较巨嘴鸟属的种类体型小而细长，尾更长。它们也栖息于暖林及边缘地带，很少出现在海拔1 500米以上的地方。上体黑色或墨绿色，腰部深红色，头部通常为黑色和栗色；下体以黄色为主，大部分种类有一处或多处黑色或红色斑纹，有时会形成一块大的胸斑。它们的长喙呈现出多种色调搭配，包括黑色与黄色，黑色与象牙白，栗色与象牙色、橙色、红色等。喙缘一般呈明显的锯齿状，外表为黑色或象牙色，看上去有几分像牙齿。曲冠簇舌巨嘴鸟头顶有独特的冠羽，宽而粗，富有光泽，犹如是金属薄片上了釉后盘绕起来。簇舌巨嘴鸟的鸣声通常为一连串尖锐刺耳的声音，或者如摩托车发出的那种咔哒咔哒声；少数种类则没有类似的机械声响，而是为哀号声。至少有部分簇舌巨嘴鸟种类全年栖息于洞穴中，迄今为止这在其他巨嘴鸟种类中不曾发现，尽管其他的巨嘴鸟在鸟类饲养场里也会栖于洞中。

绿巨嘴鸟属的6个种类为中小型鸟，体羽以绿色为主。鸣声通常为一连串冗长而不成调的喉音，类似青蛙的叫声和狗吠，以及干涩的咔哒咔哒声。它们大部分居住在海拔1 000~3 600米的冷山林中，也有少数种类部分栖息于低

一只扁嘴山巨嘴鸟在炫耀它那醒目的喙

这一受胁种类面临的威胁不仅来自森林退化，而且还有非法的国际笼鸟交易。

地暖林。秘鲁中部的黄额巨嘴鸟为濒危种。

6种小巨嘴鸟生活于洪都拉斯至阿根廷北部的低地雨林中，极少出现在海拔1500米以上。与其他巨嘴鸟相比，它们的群居性不强，而体羽更多变。所有种类都有红色的尾下覆羽和黄色或金色的耳羽。它们和几种簇舌巨嘴鸟是巨嘴鸟中为数不多的两性差异明显的种类，雏鸟长到4周大就可以通过体羽来辨别性别。茶须小巨嘴鸟的喙为红棕色和绿色，带有天蓝色和象牙色斑纹。而南美东南部的橘黄巨嘴鸟体羽主要呈绿色和金色至黄色，带有些许红色。这种鸟是该属中的唯一种类，似乎与簇舌巨嘴鸟有一定的亲缘关系。橘黄巨嘴鸟通常见于海拔400~1 000米的地区，有时被视为果园害鸟。

4种大型的山巨嘴鸟相对鲜为人知。如它们的属名“Andigena”所显示的，这些鸟生活在委内瑞拉西北至玻利维亚的安第斯山脉中。它们的分布范围从亚热带地区一直延伸至温带高海拔地区，甚至接近3650米的林木线。黑嘴山巨嘴鸟可谓是色彩斑斓的典型代表：下体浅蓝色（在巨嘴鸟中所罕见），头顶黑色，喉部白色，背和翅以黄褐色为主，腰部为黄色，尾下覆羽为深红色，腿和尾尖为栗色。雌雄鸟在鸣叫时会先低下头、翘起尾，然后扬起头低下尾发出鸣啭（这一过程与小巨嘴鸟极为相似），同时会伴以咬喙声。其中最为人熟知的是扁嘴山巨嘴鸟，它们红黑色喙的上侧有一块凸起的淡黄色斑。这种鸟是山巨嘴鸟中2个受胁种类之一，原因是安第斯山脉西坡的森林遭到大量砍伐。因种植农业经济作物、经营农场及采矿导致的森林破坏也许很快将威胁到大部分巨嘴鸟的生存，因为它们的栖息地将被人类占用。

• 缓慢的发育者

巨嘴鸟既有程度不一的群居种类，也有不群居的种类。群居的巨嘴鸟成群规模一般不大，飞行时成零零星星的一列，而不像鹦鹉那样成密密麻麻的一群。大型的巨嘴鸟种类飞行时常常先扇翅数下，然后收翅呈下落之势，继而展翅作短距离滑翔，之后重新开始扇翅上飞。由于长途飞行对它们而言显得困难重重，因此它们很少穿越大片的空旷地或宽阔的河流。小型种类的扇翅频率相对则要快得多，其中簇舌巨嘴鸟外形似长尾小海雀，但飞行时也呈单列。巨嘴鸟喜栖于高处的树干和树枝上，雨天它们会在那上面的树洞里用积水洗澡。配偶会相互喂食，但栖于枝头时并不紧挨在一起，而是用长长的喙轻轻地给对方梳羽。

偶尔，巨嘴鸟也会玩起“游戏”，可能与确立个体的支配地位有关，而这会影响日后的配对结偶。如2只鸟的喙“短兵相接”后，会紧扣在一起相互推搡，直到一方被迫后撤。然后会有另一只鸟过来将喙指向胜利者，而获胜的一方将继续接受下一只鸟的挑战。在另一种游戏中，一只巨嘴鸟抛出一枚果实，另一只鸟在空中接住，然后以类似的方式掷给第3只鸟，后者可能会继续抛向下一只鸟。

巨嘴鸟后背和尾基的脊椎骨进化得很独特，从而使尾部能够贴于头部。巨嘴鸟栖息时会将头和喙埋于向前覆的尾羽下，看上去犹如一个绒球。

多数大型的巨嘴鸟种类将巢营于树干上因腐朽而成的洞中，并且若营巢繁殖成功，则会年复一年地使用。不过，由于这样的树洞并非随处可得，因而有可能会限制繁殖的配偶数量。一般而言，巨嘴鸟钟爱的洞为木质良好、开口宽度刚好够成鸟钻入，洞深17厘米至2米。当然，树干根部附近若有合适的洞穴，也会吸引通常营巢于高处的种类将巢营于近地面处。如巨嘴鸟会营巢于地上的白蚁穴或泥岸中。小型的巨嘴鸟种类通常占用啄木鸟的旧巢，有时甚至会驱逐现有的

↗ 中美洲的厚嘴巨嘴鸟拥有异常绚丽的喙。这种鸟以食果实为主（图中在食一枚万寿果），但它也会在食物中加入鸟的卵和雏鸟、昆虫、小蜥蜴和树蛙，以补充蛋白质。

主人。大型的扁嘴山巨嘴鸟会经常侵占巨嘴拟鴷的巢，如果后者在树上的巢对前者而言足够大。一些绿巨嘴鸟种类会在朽树上凿洞穴，而小巨嘴鸟种类、山巨嘴鸟种类以及橘黄巨嘴鸟通常先选择洞穴，然后在此基础上做进一步的挖掘工作。事实上，在许多巨嘴鸟种类中，某种程度的凿穴是它们繁殖行为的重要组成部分。巢内无衬材，一窝1~5枚卵，产于木屑上或由回吐的种子组成的粗糙层面上，随着营巢的进展，这一层会越积越厚。

亲鸟双方分担孵卵任务，但常常缺乏耐心，很少会坐孵1小时以上。它们易受惊吓，一有风吹草动，就会立即离巢飞走，并往往不会将卵遮掩起来。

卵孵16天左右雏鸟出生，全身裸露，双目紧闭，无任何绒毛。足部发育严重滞后，不过踝关节处长有一肉垫，即面积较大的钉状凸出物。雏鸟刚开始便依靠两只脚上的肉垫和皮肤粗糙、凸出的腹部，形成“三足”鼎立之势来支撑身体。和啄木鸟的雏鸟一样（巨嘴鸟与啄木鸟外形相似），它们的喙很短，下颌略长于上颌。雏鸟由双亲喂食，随着它们的发育，食物越来越多地为果实类。但它们的发育出奇地缓慢。小型巨嘴鸟种类的雏鸟长到4周时身上的羽毛还相当稀少，而较大种类的雏鸟在一个月大时很大

↗巴西簇舌巨嘴鸟喙上一排黑色的短线条颇似英文letter。这种鸟的两性差别在于脸部色彩，雄鸟（如图）的脸部为黑色，而雌鸟为栗褐色。

程度上仍属于赤裸状态。双亲共同照看雏鸟，但夜间没有固定由哪一方负责看雏。大的排泄物和残留物会用喙啄出巢，有些种类如绿巨嘴鸟，巢保持得相当整洁，而红嘴巨嘴鸟会让腐烂的种子留在巢中。

当雏鸟终于羽翼丰满后，它们看上去与亲鸟颇为相似，只是色调较为暗淡，还没有表现出成鸟的鲜艳色彩。并且喙相对较小，喙缘不成锯齿状，也没有垂直的基线，整个喙需要1年或1年以上的时间才能在大小和特征方面长得与成鸟的喙一样。

小型巨嘴鸟种类的雏鸟在出生40天后离巢而飞，较大种类的雏鸟则需要50天以上，一些山巨嘴鸟种类的雏鸟留巢期更是长达60天。某些簇舌巨嘴鸟的幼鸟在会飞后仍由成鸟领回巢中，与亲鸟一起栖息，不过其他绝大部分种类的幼鸟此后便独立栖息于叶簇中。

极乐鸟 徒有其表，不是一件坏事

雌性极乐鸟是典型的“外貌协会成员”，为了得到雌鸟的青睐，雄鸟只得不断地进化出更美丽耀眼的羽毛和装饰。

极乐鸟，或者说至少是体羽豪华壮观的雄性成鸟，被许多人认为是世界上最华美绚丽的鸟。如黑镰嘴风鸟，其中央尾羽犹如一把1米长的军刀。它们极为活跃且喧嚣，像鸦或椋鸟那样有着强健的脚爪；既有单性态、隐蔽性强的种类，也有呈明显性二态的种类；既有单配制，也有一雄多雌现象。之所以被称为“极乐鸟”，乃是因为当初西方人接触到的第一批雄性成鸟的样本为一堆连腿都没有的空外壳（提供样本的是巴布亚人，数千年来，羽毛交易在巴布亚及其周围地区都是一项重要的商业活动），这使16世纪的自然学家们认为既然没有胃也没有腿，那么这些美丽的鸟一定终日漂游在“极乐天堂”，只有死后才坠落到地面。

在过去的上万年里，对新几内亚和邻近岛屿的部落民族来说，极乐鸟一直是各种神话、仪式、个人饰物、舞蹈的焦点。没有其他哪一科的鸟能像极乐鸟（尤其是一雄多雌种类的雄鸟）那样在体羽结构和着色上表现出如此的多样性，这些用以吸引择偶雌鸟的绚丽羽毛代表了对“性选择”的一种终极表述。

华丽的雄鸟

单配制种类极乐鸟两性相似，而一雄多雌种类一般呈现出性二态，程度从轻微到极致不一。单配制极乐鸟有5种均为蓝黑色的辉极乐鸟、同样体羽暗淡的褐翅极乐鸟以及一身黑色的麦氏极乐鸟在体羽上不存在两性差异，被认为是单配制种类。两种性单

↗ 图中的王极乐鸟是全科最小的种类，而最大的种类为卷冠辉极乐鸟。王极乐鸟的巢为杯形巢，筑于树缝中。

极乐鸟的代表种类

1.丽色掩鼻风鸟；2.蓝极乐鸟；3.线翎极乐鸟；4.丽色极乐鸟；5.十二线极乐鸟。

态的肉垂风鸟也曾被认为是单配制，但如今已知其中一种为多配制。其他色彩相对更为鲜艳的性二态种类似乎都是一雄多雌制。

一雄多雌种类的雄鸟体羽极为多样化，从以黑色为主同时有一片片色彩鲜艳、富有金属光泽的区域，到集黄色、红色、蓝色和褐色于一身同时

↗ 在一雄多雌制的新几内亚极乐鸟中，当雄鸟将雌鸟吸引到它的展姿场来后，就会开始它精心的炫耀：身体前倾，尾翘起，头低下，翅伸挺。

又有大量特化的炫耀羽饰或由变异的羽毛形成的各种奇形怪状的头“线”和尾“线”，简直令人眼花缭乱。不过每个一雄多雌制的属都有一种基本的雄鸟体羽结构，在求偶炫耀时通过该属所特有的方式展示出来，以最佳的效果呈现在潜在的配偶面前。有几个种类还具有着色艳丽的裸露皮肤（头、肉垂、腿、脚），雄鸟的这些部位比雌鸟醒目，因而可能同样与求偶有关，当然也可作为区别种类的依据。在一些种类的雄性成鸟中，部分外侧初级飞羽的形状发生了不同程度的变异，也许是用以在炫耀飞行时发出声响。已知单配制种类的雌鸟会发出清晰可闻的鸣声，但在一雄多雌种类中，所有响亮的鸣声均来自炫耀的雄鸟，而雌鸟基本沉默。辉极乐鸟类有盘绕起来的长气管，被置于胸肌上方的皮下组织，由此产生低沉、可传至很远的颤鸣，为极乐鸟中所独有。

长期以来，园丁鸟被认为与极乐鸟亲缘关系最密切，有些鸟类学者将两者合为一科，即极乐鸟科。然而，随着越来越多的生物和分子鉴定问世，如今已很清楚，极乐鸟最密切的亲缘鸟类为鸦和类鸦鸟这些更高级的鸣禽和雀形目鸟，而与园丁鸟的亲缘关系相对较疏远。

镰冠极乐鸟、鸦嘴极乐鸟和黄胸极乐鸟3个种类形成“宽嘴”系列，它们均筑圆顶巢，幼鸟和雌鸟的体羽也与其他种类不一样。3种鸟在科内的不同寻常之处还在于自始至终都只食果实（它们很宽的嘴裂便是对这种食物方式的适应），并且腿脚较弱。它们一直被视为极乐鸟科中一个富有特色的亚科，然而经过近年来的分子研究，它们现在被认为应当成为一个独立的科，与极乐鸟并无亲缘关系，而是为相对原始的鸣禽类。此外，麦氏极乐鸟也是科内值得怀疑的一员，如今的分子研究表明，它很可能属于吸蜜鸟科。

人们对一只小黑脚风鸟的一份旧样本做了一次DNA检测，结果发现这种见于新几内亚高地、外形似八色鸫的鸟或许应归入极乐鸟科。但随后对该鸟繁殖生物学和外部形态的研究清楚表明，它与极乐鸟基本无共同之处。

● 源于新几内亚

绝大部分极乐鸟限于新几内亚和邻近岛屿，这里无疑是本科的发源地。不过，褐翅极乐鸟和幡羽极乐鸟见于印度尼西亚的摩鹿加群岛北部，大掩鼻风鸟和小掩鼻风鸟则见于澳大利亚东部有限的区域内。而在新几内亚岛有广泛分布的丽色掩鼻风鸟和号声极乐鸟其分布范围也恰好抵达澳大利亚东北端的湿林。

部分新几内亚种类广泛分布在低地，然而大多数种类分布范围有限且（或）零散，在山区的栖息地海拔高度不连续。另有少数种类生活在近海岛屿上。大部分种类栖息于热带湿林、山林至亚高山带森林中，少数栖于亚高山带林地、低地草原或红树林里。

● 食物多样

极乐鸟为杂食类，食物丰富多

知识档案

极乐鸟
目 雀形目
科 极乐鸟科
17属42种。种类包括：蓝极乐鸟、新几内亚极乐鸟、黑镰嘴风鸟、褐镰嘴风鸟、王极乐鸟、萨克森极乐鸟、劳氏六线风鸟、瓦氏六线风鸟、长尾肉垂风鸟、丽色极乐鸟、丽色掩鼻风鸟、大掩鼻风鸟、小掩鼻风鸟、褐翅极乐鸟、绶带长尾风鸟、幡羽极乐鸟、麦氏极乐鸟、黄胸极乐鸟、卷冠辉极乐鸟、号声极乐鸟等。

分布 印度尼西亚摩鹿加群岛北部、新几内亚、澳大利亚东部和东北部。

栖息地 热带森林、山林、亚高山带森林、干草原林地和红树林。

体型 体长15~110厘米，体重50~450克。雄鸟一般大于雌鸟，黄胸极乐鸟除外。

体羽 大部分雄鸟色彩缤纷，具有复杂华丽的饰羽；雌鸟和雄性未成鸟则具有暗淡的保护色，腹部常有横斑。有些单配制种类为全身黑色或蓝黑色。

鸣声 多样，有似鸦叫的声音，有似枪响的声音，也有钟声般的鸣声。

巢 通常为敞开的大型杯形巢或碗状巢，由附生兰的茎和（或）蕨类植物、藤本植物、树叶筑成，位于树杈或藤蔓之间。

卵 窝卵数1~2枚，少数情况下为3枚；浅色，一般底色为粉红色，有多种颜色的斑纹，经常有犹如笔画粗的长条纹，集中在大的一端。孵化期14~27天，雏鸟留巢期14~30天。

食物 很多为食果类，有些为食虫类，此外也食叶、芽、花、节肢动物和小型脊椎动物。

样，不过若考虑到种类之间巨大的体型和喙形差异，这种多样性就不足为奇了。极乐鸟的喙从像鸦那样短而结实的喙到像椋鸟那样细巧的喙再到长而下弯的镰刀形喙（用以在苔藓和树皮下面以及其他喙无法够到的叶基之间捕食节肢动物、昆虫蛹和其他猎物）应有尽有。大多数种类以食果实为主，同时也食多种节肢动物、小型脊椎动物、叶和芽。镰嘴风鸟类和掩鼻风鸟类则高度特化为食虫鸟，很少食果实。此外，掩鼻风鸟类为长喙型鸟，雌性成鸟的喙通常比雄性成鸟的大。这一点值得注意，原因在于许多极乐鸟在非繁殖期必须应对资源有限的困境。那时喙形的性别差异可大大降低两性之间对有限的节肢动物资源的竞争，因为雌雄鸟会选择不同种类或不同大小的猎物。

典型的极乐鸟会使用它们的脚来抓持或处理食物（园丁鸟不会这么做）。而亲鸟会以回吐方式来喂雏（这也有别于园丁鸟）。雏鸟刚孵化出来时，亲鸟喂以节肢动物，但慢慢地转为以果实喂食或者以果实与节肢动物混合喂食。

终极炫耀

极乐鸟的各个属表现出从单配制到一雄多雌制的多种繁殖行为。单配制种类的配偶关系似乎为常年性，配偶共同维护一片多用途的繁殖领域，

十二线极乐鸟栖息于新几内亚岛西部地区的红树林中，它们对那里的西谷椰子情有独钟。

一起看巢、育雏。然而，大部分极乐鸟实行一雄多雌的交配机制，雄鸟与多只雌鸟发生交配，而只有雌鸟单独营巢：从筑巢、孵卵到抚养后代，雄鸟都不会参与。多配制的雄鸟其炫耀方式既有单独炫耀也有集体的展姿场机制，还有多种中间形式。雄鸟会占据一处求偶场所——某块地面炫耀场或者一根或数根栖木，一片领域内可包括一个或多个这样的求偶场所。

多配制雄鸟的炫耀既是为了吸引雌鸟，也可用以建立雄鸟的支配等级（如在聚集于展姿场的极乐鸟属极乐鸟种类中）。和其他许多雄极乐鸟一样，六线风鸟类（六线风鸟属）的雄鸟在地面求偶场或栖木上单独炫耀，而这些地方会被后代年复一年地使用。要占据这些传统的炫耀场所，年轻的雄鸟必须耐心等待，因为它们像年轻的雄园丁鸟一样，往往需要数年时间（也许长达7年）才能褪去和雌鸟体羽相似的未成年体羽。由于一只雄成鸟与多只雌鸟交配，因此繁殖雄鸟的数量相对于雄性未成鸟及雌鸟的总数而言显得很少。来自雄性未成鸟和雄成鸟对手的压力则使得只有最健壮的雄成鸟才能在繁殖群中占得一席之地，也只有最出色的雄性未成鸟才能继承炫耀场所。有意思的是，人工饲养的年轻雄极乐鸟繁殖相对较早，都还没有长出成鸟体羽就开始繁殖，这表明在野生界居支配地位的雄性成鸟的存在抑制了其他雄鸟的性激素分泌。雌鸟则没有出现这样的抑制现象，它们在长到2~3岁时便能进行繁殖。

虽然这样一种少数雄鸟使多数雌鸟受精的繁殖机制导致极乐鸟各种类的雄鸟外表进化得各不相同，但其实它们在基因上仍是相当接近的。因此，雄鸟外形明显不同的2个种类在基因上也许是有联系的，于是当它们相遇时便有可能发生杂交。迄今为止，有记录的极乐鸟杂交现象，属之间的有13次、属内部的有7次，均发生在种类的分布范围和喜居的栖息地出现重叠的区域。由此可见，不仅同一个属内的种类会进行杂交，即使来自不同属的种类，即雄鸟的外形有可能截然不同，也会杂交。这样，杂交产生的后代长大成雄性成鸟后会继承双亲各具特色的体羽特征。而许多这样的鸟曾被错误地认为是新的种类（因为大部分仅是基于对一两只个体的了解）。

某些种类的食物以热带森林果实为主，这似乎对一雄多雌制的发展起着重要作用。果实的质量和（或）果实在森林中的时空分布情况可能会左右这些鸟繁殖机制的类型及雄鸟扩散和炫耀的方式。在果实极度繁盛的季节，多配制的雄鸟大部分时间都会在炫耀场度过，雌鸟得以能够单独营巢育雏，但果实临时性的广泛分布使那时的领域维护成为一大难题。

↗威氏极乐鸟的栖息地尚不特别清楚，但通过其头顶的蓝色裸露皮肤，这种鸟一眼就能被辨认出来。

极乐鸟一般在树枝上筑敞开的杯形巢或碗状巢，有些种类喜欢将巢筑于森林空隙带中孤立的树苗的小树冠上（不过树叶茂盛），这样可以降低攀树型掠食者对卵、雏鸟和营巢成鸟的威胁。巢材为附生兰的茎和（或）蕨类植物、藤本植物、树叶。

极乐鸟的卵通常为椭圆形，粉红色至浅黄色，带犹如笔画的长宽条纹，颜色有褐色、灰色、淡紫色或紫灰色。一窝为1~2枚卵，少数情况下达3枚。卵似乎为连续产下（不像园丁鸟那样隔天产1枚卵）。孵化期为14~27天，雏鸟留巢期14~30天，高海拔地区的种类相应延长。无证据显示极乐鸟在1个繁殖期内会育2窝雏。

• 易危但未濒危

目前尚未有极乐鸟濒危，不过有4个种类（蓝极乐鸟、麦氏极乐鸟、瓦氏六线风鸟和黑镰嘴风鸟）被列为易危种，另有8个种类为近危种。而这些鸟在它们分布范围内的大片区域里仍然可能是安全的，因为那里人类难以进入。但有些种类，包括西巴布亚地区（新几内亚西部，以前为伊里安查亚）的几个种类尚无任何调查，有待进行客观的评估，有可能其中分布范围有限的数个种类已受到栖息地破坏的威胁。

极乐鸟中最易受威胁的种类或许就是最引人注目的蓝极乐鸟，因为对这种鸟的生存具有至关重要意义的中部山林因农业发展正日益减少，当然还有人类对它们优美的羽毛的需求。而它们有可能进一步受到新几内亚极乐鸟的潜在竞争，后者的分布区与蓝极乐鸟分布区的海拔下限相连，且适应性更强。

鹃 鵙 换装求爱

鹃鵙长相怪异，它们既不是鹃的亲戚，也不是鵙的邻居。却与这两种鸟儿有着莫名的相似度。它们中的一种雄性白肩鸣鹃鵙，在求爱的时候，把自己的体羽搞得“黑白分明”，很有精神，一旦过了繁殖期，就会很干脆地脱下新衣服，换上旧外套，从外表上让人难以辨认雌雄。

鹃鵙，有时被称为“毛虫鸟”，与鹃或鵙都没有亲缘关系，只是多数种类的喙像鵙的喙，而体型及体羽色彩或模式似鹃而已。全科分为2大类：鹃鵙类（8属72种），普遍着色暗淡，体型从麻雀般大小到与鸽子差不多；色彩醒目的山椒鸟类（1属13种），相对更为活跃，群居性明显，大小和外形似鹡鸰。与山椒鸟科亲缘关系最密切的似乎为黄鹂科，有时两科被合并在一起。传统分类学将林鵙类和鹟鵙类归入山椒鸟科，本书也采纳这一归类法。但近年来的研究表明，这两类鸟可能与啄果鸟科和钩嘴鵙科的非洲丛鵙类有更为密切的亲缘关系。

● 既非鹃也非鵙

鹃鵙有2个属见于非洲，其中非洲鹃鵙属（6个种类）限于非洲大陆，而另一个属鹃鵙属（总共47种，只有5种为非洲本地种）也分布在从巴基斯坦东部穿过东南亚至新几内亚和澳大利亚之间的广大区域。自成一属的细嘴地鹃鵙仅限于澳大利亚，食果鹟为婆罗洲所特有，而橙鹃鵙只见于新几内亚。其余的种类则分布在印度次大陆、东南亚、马来西亚、印度尼西亚、澳大利亚，北至中国和俄罗斯东部，以及一些海岛上。

鹃鵙的翅长而尖，尾（圆形或渐尖）中等长度，不少种类有发达的口须遮住鼻孔。许多种类，包括非洲鹃鵙属和鹃属的鹃类以及山椒鸟属的山

↗ 鹃鵙的代表种类

1.大鹃鵙；2.红肩鹃鵙。

知识档案

鹃 鵙

目 雀形目

科 山椒鸟科

9属85种。属、种包括：山椒鸟（类包括灰山椒鸟、长尾山椒鹟鵙鸟、赤红山椒鸟、小山椒鸟等），食果鸫、黑鹃鵙、鹟鵙类、细嘴地鹃鵙、大鹃鵙、长嘴鹃鵙、橙鹃鵙、鸣鹃鵙类（包括白肩鸣鹃鵙等、林鵙类等）。

分布 非洲亚撒哈拉地区和马达加斯加岛，从巴基斯坦穿过东南亚、中国南部、俄罗斯至日本，菲律宾、印度尼西亚、澳大利亚以及某些太平洋和印度洋岛屿。

栖息地 茂盛的原始森林和次生林，少数种类栖于森林边缘带、落叶林地或沿海丛林。

体型 体长12~34厘米，体重20~111克。

体羽 大部分种类为某种程度的灰色，常有黑色或白色区域，雌鸟往往比雄鸟着色浅，或下体有横斑。在某些种类中，雄鸟主要为黑色，雌鸟为黄色。亚洲的山椒鸟种类色彩醒目，雄鸟以红色和黑色为主，雌鸟则主要为黄色和黑色。

鸣声 既有响亮、高音、悦耳的口哨声，也会像鵙那样发出刺耳的声音，常有复杂的鸣啭。鸣鹃鵙类会颤鸣，而鹃鵙属的一些种类会发出知了般的叫声。

巢 细巧的杯形巢，筑于高处的树杈上或附于水平的树枝上。巢材为细树枝、小树根和蜘蛛网。通常比较脆弱，但由苔藓和地衣很好地隐蔽起来。一些澳大利亚的鹃鵙种类偶尔会将巢筑在一起。

卵 窝卵数2~5枚；白色或浅绿色，带褐色、紫色或灰色斑。孵化期：在已知的种类中，小型鸣鹃鵙为14天，鹃鵙属和非洲鹃鵙属的鹃鵙种类为20~23天；上述2类的雏鸟留巢期分别为12天和20~25天。

食物 以食节肢动物为主，尤其是毛虫。有些种类也食果实，其他种类会食少量的蜥蜴和蛙。

椒鸟类，在腰部及背部下侧有可竖起的羽毛，羽干呈刺状。这些羽毛平时看不见，但在防卫炫耀时会竖起，并且很容易脱落。有些属如非洲鹃鵙属和鹟鵙属刚孵化的雏鸟覆有白色或灰色绒毛，日后则长出有细密斑纹的羽毛，会与巢和周围环境极为吻合。两性通常可区别，有时差异非常明显（如在非洲鹃鵙属的非洲种类中），不过刚长齐飞羽的幼鸟与雌性成鸟很相似。

鸣鹃鵙类为小型鸟类，通常呈斑驳色。白肩鸣鹃鵙的独特之处在于雄鸟的繁殖体羽为黑白色，换羽后非繁殖期的体羽变成与雌鸟体羽相似，即上体褐色，下体白色并带有些许褐色条纹。

相比之下，山椒鸟类色彩艳丽夺目；翅窄，上有醒目的翅斑；尾长、渐尖。两性差异明显，幼鸟体羽颜色和模式与雌性成鸟接近，但这一特点并不十分突出。赤红山椒鸟呈大红色，而头、喉、背、翅（大部分）和中央尾羽等部分的黑色使之显得尤为耀眼。另外，这种鸟的雌鸟也同样惹眼，底色由雄鸟身上的红色变为了黄色，而黑色区域则扩展到下颚、喉和额。这一类鸟中相对最不起眼的是灰山椒鸟，但也仍然相当漂亮：雄鸟的背和腰为灰色，尾黑白色，项和头顶黑色，额和下体则呈白色。

一只大鹃鵙为它饥饿的雏鸟带来食物

这一澳大利亚种类通常一窝产2枚卵，巢由细枝筑成，位于离地面6~12米高的树杈上。

成群觅食

鹃鵙的绝大部分种类会时常成群。尤其是山椒鸟类，经常会20来只鸟嘈杂地聚在一起，穿过树顶觅食昆虫。它们中多数种类会加入混合种类的觅食群体中，这在非洲、印度和东南亚的森林和林地中很常见。鹟鵙类也有同样的觅食习性，但它们及某些鸣鹃鵙种类还会用相对较短的喙和很宽的喙裂在空中捕食多种昆虫。林鵙类在觅食时显得较为笨拙，行为迟缓，它们一般在飞行中捕捉昆虫，但必要时也会在地面觅食。鹃鵙属较大的鹃鵙种类会形成松散的觅食群，在森林树阴层食某些果实和昆虫。大多数鸣鹃鵙种类也食果实和昆虫，但栖于山林中的黑胸鸣鹃鵙可能仅食果实。部分鸣鹃鵙以在地面觅食为主。细嘴地鹃鵙则完全生活在地面，成小群四处走动，食物几乎全部为小动物。

灰山椒鸟为全科唯一做长途迁徙的候鸟，它们在飞往东南亚过冬前会成群（可多达150只）聚集在中国和俄罗斯境内的繁殖地上。科内其他种类主要为定栖性或移栖性，不过澳大利亚种类会根据降雨模式进行南北方向的大范围迁移，而一些印度种类会做不同海拔之间的迁移。

丛鵙 蹊跷的“姊妹种”

据说，在世界的某个角落会生活着一个你的“复制品”。他（她）和你没有血缘关系，但你们长相的相似度，会被人错认为是一母同胞。丛鵙的世界里也出现了这种怪事。橙胸丛鵙就是灰头丛鵙的微缩版。更加让人困惑的是，它们还生活在同一片栖息地中。

较之于伯劳科普通的鵙，丛鵙科种类在它们的栖息地显得相对不起眼。然而，它们的歌声和鸣声会暴露其存在，如丛鵙属种类悠扬的口哨声和黑鵙属种类别开生面的齐鸣等。和伯劳科一样，所有丛鵙科种类的喙都具有锋利的钩，喙缘呈锯齿状。科内大部分鸟都非常漂亮。

一只粉斑鵙丛在昂首高歌，露出胸部的一片粉红色，其名字便由此而来。

丛鵙科的分类至今仍存在争议。近来一项权威的研究认为该科当含有包括盔鵙类在内的18属84个种类，但本书仍将盔鵙单独列为一科。

森林中的一抹亮色

丛鵙科种类着色醒目。如分布广泛的灰头丛鵙背为绿色，下体为黄色。西非的红胸丛鵙也有类似的体羽模式，只是后者在下体的颜色形态上有所不同，除了黄色，还有猩红色或橙色。仅分布于非洲西部的非洲黑鵙，下体为深红色，上体黑色，冠和尾下覆羽呈金色。另一个黑鵙种类热带黑鵙主要为上体黑色、下体白色。白喙黑鵙则一身体羽均为黑色。在前2种黑鵙中，两性相似，但在白喙黑鵙中，雌鸟显得较为暗淡，体羽无光泽。

丛鵙科种类主要为食虫鸟。然而，它们不像伯劳那样栖于枝头伺机捕猎，而是隐于浓密的植被中，像只

知识档案

丛 鸥

目 雀形目

科 丛鸥科

7属46种。种类包括：灰头丛鸥、橙胸丛鸥、红胸丛鸥、绿胸丛鸥、非洲黑鸥、热带黑鸥、白嘴黑鸥、布氏黑鸥、黑冠红翅鸥、蓬背鸥、大嘴蓬背鸥、非洲鸥、库山丛鸥等。

分布 非洲亚撒哈拉地区，另有黑冠红翅的孤立亚种见于非洲北部和阿拉伯半岛东部。

栖息地 茂盛的热带森林，低地或山区的开阔落叶林地，草原地带。

体型 体长12~25厘米，体重20~100克。

体羽 许多种类着色鲜艳，有深红色、黄色、绿色。两性通常相似，有时相异。

鸣声 多种多样。有时发出哀鸣声，也有优美的鸣啭。许多种类会齐鸣，某些还会效鸣。

巢 筑于树上或灌木上。

卵 窝卵数2~3枚；多种底色，有褐色或紫褐色条纹。孵化期12~15天，雏鸟留巢期为12~20天。

食物 主要食昆虫和其他无脊椎动物，某些种类也经常性食小型脊椎动物。

特大号的莺在树枝和叶簇间觅食。依种类不同，猎物可取自森林的各个层面。其中某些红翅鸥属的种类，在地面跳跃活动，主要在地面捕猎。丛鸥属的较大种类具强有力的喙，可捕食小型脊椎动物，并且像伯劳一样，它们也会储备猎物。

● 亚撒哈拉地区的居民

几乎所有的丛鸥科种类都生活在非洲撒哈拉以南地区，唯一例外的是黑冠红翅鸥，该种类在亚撒哈拉地区也有广泛分布，同时在北非和阿拉伯半岛也有孤立的亚种。科内大部分属既有栖于茂密的低地热带森林和山区热带森林的种类，也有栖于开阔的落叶林地中的种类。如蓬背鸥和大嘴蓬背鸥均遍布西非和中非，但前者见于稀树林地，后者见于低地森林。

↘一只红胸黑鸥在用一条条树皮编织一个精致的巢

这种鸟的巢通常筑于离地面2~7米高的树杈上，巢材还有地衣、卷须、草和蜘蛛网等。

↗ 锈色黑鵙以其出色的齐鸣而著称。图中为一只锈色黑鵙在南非的勒斯腾堡自然保护区。

也有些种类如非洲鵙，则限于大草原地区。丛鵙科中大部分种类为定栖性鸟，不过有些种类会进行局部的迁移甚至高度迁移。

丛鵙属有一大特色，即存在一大一小的“姊妹种”，着色如出一辙，生活在同一栖息地中。如橙胸丛鵙简直就是小型版的灰头丛鵙，两者均见于西非的大草原。这种重复现象的意义尚不清楚，特别是这一特点所涉及的种类在生态上并不重合。

• 数量缩减

据目前所知，丛鵙科所有种类似乎都为单配制，具领域性。繁殖期倾向于雨季。多数种类的求偶炫耀未曾有描述，但少数种类有详细研究。如蓬背鵙类的雄鸟会抖松腰部的羽毛，使之看上去像一团蓬松的菌类植物；而红翅鵙类会做炫耀飞行，翅和尾都展开，同时伴以悦耳的鸣啭。巢通常为精致的杯形巢，一般每窝产2枚或3枚卵。许多种类的繁殖习性仍鲜为人知。

生存形势最严峻的丛鵙科种类很可能便是布氏黑鵙，人们对这种鸟的了解仅限于1988年在索马里捕获的一只个体。其他有些种类也很稀少，如库山丛鵙只生活在喀麦隆西部几个小型的栖息地中，而绿胸丛鵙也仅见于喀麦隆和尼日利亚东部一个小的种群。这2种丛鵙，连同其他许多种类，都面临着来自森林退化的威胁。

河 鸟 运动界的“全能选手”

河乌是鸟类运动界的全能选手之一。既会游泳，又会潜水，还能飞行。小雏鸟会飞之前就已经掌握了前两项本领。虽然很注意运动，但河乌的体型看起来还是有点胖，其实，这是一种错觉。它们身上加厚的体羽是为了防水和绝热。

河乌是一类独特的雀形目鸟，善于在水下觅食。它们的形态特征使其能够在水流湍急的溪流底轻松自如地游来游去，在那里觅食水生无脊椎动物。除了这种潜水的习性，河乌的英文名字“dipper”（意为沾水的鸟）源于它们的一种炫耀行为：它们栖在溪流中的栖木上（每次觅食也是从那里开始），整个身体上下摆动，同时不断眨动它们的白色眼睑。不过只见于南美有限范围内的稀有种类棕喉河乌，既丧失了水下觅食的习性，也没有了沾水炫耀这一河乌科其他种类的标志性动作。

人们第一次邂逅它们时往往是只看见一只圆胖的深色小鸟一头扎进水

↘在河乌通常的栖息地中（水流湍急的溪流边），一只白胸河乌嘴里衔着带给雏鸟的食物。白胸河乌主要在岸边捕捉蝴蝶、蜉蝣和其他昆虫，但也食这些昆虫的蛹以及小型的软体动物和甲壳类。其他的水栖猎物还包括蝾螈、蝌蚪和鱼苗。

知识档案

河 乌
目 雀形目
科 河乌科
河乌属5种：美洲河乌、褐河乌、棕喉河乌等。

分布 南北美洲的西部、欧洲、非洲北部、亚洲。

栖息地 通常为山区清澈的溪流。

体型 体长15~17厘米，体重60~80克。

体羽 主要呈黑色、褐色或灰色，有时嘴周围、背部或头顶为白色。两性外形无区别。

鸣声 各种类均会发出一种“呲”的刺耳声，此外也会有颤音丰富的鸣啭。

巢 大型圆顶结构，长、宽、深各约为20、20、15厘米，入口直径为6厘米。一般位于急流上方，由苔藓筑成，里面衬以草和枯叶。

卵 窝卵数4~6枚，通常为5枚；白色。孵化期为6~17天，雏鸟留巢期17~25天（若未受干扰，则一般为22~23天）。

食物 以水栖幼虫为主，尤其是翅目昆虫、蜉蝣、石蛾。也食甲壳动物和软体动物，偶尔食小鱼和蝌蚪。

流湍急的小溪便消失不见了，或者只听见在潺潺的水声中传来一声刺耳的尖叫声。

• 淡水潜鸟

所有河乌看上去都颜色深、体型胖、尾短粗，喙似鸫的喙，腿强健，脚上的爪发达。5个种类在形态上非常相似，区别仅在于体羽中白色斑或其他色斑的分布不同。它们像海洋中的海雀那样呈流线型，但略显臃肿，原因是它们有加厚的体羽用以防水和绝热，并且胸部的肌肉组织高度发达，使它们的短翅能够在水下拍动。河乌的尾脂腺也异常发达，从而保证了羽毛具有一流的防水性：当它们出水时，水滴直接从体羽上滚落下来而不会沾湿羽毛或皮肤。只要溪流不完全冰封，河乌可在-45℃的严冬里生存，它们甚至能够在冰下觅食。它们会在浅水中涉水觅食，也会游泳或潜水。某些种类可在水下逗留长达30秒钟，不过大部分潜水时间较短。猎物取自岩间、石间和草丛中，主要为水栖昆虫和软体动物，当然就摄取的生物量而言，鱼也占有重要的比例。

河乌过去一直被认为与鹪鹩的亲缘关系最为密切，然而如今的分子研究表明，与它们亲缘关系最近的是鸫和鹟。相对于其数量而言，河乌的分布显得非常广泛，一共仅5个种类，却见于五大洲。其中，白胸河乌的分布范围遍及非洲西北端。只有一个地方存在2种河乌同域分布，即中亚东部，在那里白胸河乌生活在高海拔地区，而褐河乌栖于低海拔地区。5个种类的栖息地类型一样。

• 营巢于溪边

河乌在夏、冬两季具有很强的领域性，通过伸颈炫耀和驱逐入侵者来维护它们的领域。领域的大小取决于溪流的河床可觅食的程度。它们在食物最丰富的早春进行繁殖，通常为单配制。两性共同筑巢（需14~21天），但雌鸟分担其中大部分的工作。巢筑于树根之间、小的悬崖上、桥下或墙壁上，有时会筑于瀑布后面，成鸟穿过瀑布进出。巢大但不起眼，可能是因为筑在缝隙中的缘故，也可能是外层的苔藓使巢很隐蔽地融入了周围环境中。

雏鸟留巢期相对较长，但繁殖成功率一般较高，可达70%。倘若受到干扰，雏鸟会在出生14天后（即体重长全）离巢。颇令人诧异的是，雏鸟在会飞前便能自如地游泳和潜水。河乌的特别之处在于它们会使用同一个巢（重新垫以衬材）来育第2窝雏，连续重复使用可达4年之久。在换羽期（很短）河乌会变得很隐秘，而其中美洲河乌会暂时丧失飞行能力。雏鸟离巢后的死亡率很高，前6个月超过80%，但之后每年的死亡率维持在25%~35%之间。合适的繁殖地会被持续占据，小部分不繁殖的剩余个体（或者根本就不存在）只能频繁出没于不适合繁殖的区域。因此很少见到一只成鸟在繁殖期死亡后由其他鸟取而代之。

• 渴望清水

各种形式的水质恶化都会对河乌带来巨大的威胁，诸如工业污染和酸化，矿业和农业发展导致的水流淤塞，以及农业废物排放造成的水质富营养化等。此外，河流和溪流的改道则会破坏栖息地。

上述问题在亚洲和南美的山区尤为常见，而那里生活着4种河乌。其中，棕喉河乌特别容易受到威胁，因为这一种类不仅数量少，而且分布范围小，又没有受到保护。

↗ 在科罗拉多州，一只美洲河乌潜入水中觅食

美洲河乌适于潜水的特征有：高度发达的瞬膜（被称为第三眼睑）和可活动的鼻孔盖——两者都可以挡水，以及用以保证羽毛具防水性的巨大尾脂腺——为其他雀形目鸟尾脂腺的10倍。

长尾山雀 互相靠近，彼此温暖

长尾山雀身体轻盈，有的种类只有4.5～6克，可是，与如此轻飘飘的身体形成强烈对照的是它们长长的尾巴。长尾山雀体温高，体重又轻，使得它们难以储存脂肪来过冬，为了度过漫长寒冬，它们以“家”为单位，成群蜷缩在一起，互相温暖。

长尾山雀科的7个种类均具高度的群居性，一年内大部分时间都成6~12只的小群生活。它们体型很小，尾占到整个身体长度的近一半。有5个种类生活在喜马拉雅山脉地区，人们了解得相对较少；另外2个种类，即银喉长尾山雀和短嘴长尾山雀，人们了解较多。有些学者将见于爪哇的侏长尾山雀也归入长尾山雀科。这种自成一属的微型鸟除了成群生活和所筑巢与长尾山雀的巢外形相似外，其他行为习性人们几乎一无所知，因此它与本科的关系尚不确定。

• 体短、尾长

银喉长尾山雀见于从爱尔兰至日本的整个古北区内，约有19个亚种，在整个分布区表现出相当多样的体羽模式。生活在北欧至日本的北部亚种比其他亚种呈现出更明显的粉红色（尤其在翅膀上），头部则为醒目的全白色，而其他亚种在眼上方会有一条宽的深色条纹将头部的白色一分为二。见于北美西部地区（从加拿大的不列颠哥伦比亚省西南部至中美洲的危地马拉）的短嘴长尾山雀也同样有不少亚种。栖息于美国得克萨斯州至危地马拉高地的种群中，有一部分短嘴长尾山雀脸部具黑色“面罩”。这些种群过去被单独视为一个种类，叫做黑耳长尾山雀。然而，它们与其他短嘴长尾山雀“混合”产卵育雏，且已查明面罩只是一种个体变异现象，

↗ 长尾山雀的代表种类

1.黑耳长尾山雀；2.银喉长尾山雀聚在一起栖于枝头以保持体温。

所以并非独立的种。在不列颠哥伦比亚西南部的长尾山雀数量自20世纪70年代以来有了显著增长。

银喉长尾山雀体重只有大约7~9克，而短嘴长尾山雀甚至更轻，仅重4.5~6克。由于它们的体温始终保持在略高于40℃的水平，因此很难储存足够的食物来度过漫长的冬夜。在气温为20℃时，短嘴长尾山雀每天需要摄入占体重80%的昆虫量，当气温更低时它们就需要食入更多的昆虫才能生存。因为无法找到那么多的食物来保持体温，许多短嘴长尾山雀和银喉长尾山雀会在严冬中死亡。

长尾山雀想到了一个办法来帮助它们生存下来：在冬夜成群栖息、蜷缩在一起，以减少热量散失。一只鸟夜间独自栖息比一群鸟拥挤在一起栖息需要多耗费约25%的能量，而且，单独一只鸟几乎肯定无法在寒冷的夜里存活下来。

知识档案

长尾山雀

目 雀形目

科 长尾山雀科

2属7种：短嘴长尾山雀、银喉长尾山雀、棕额长尾山雀、红头长尾山雀、白颊长尾山雀、银脸长尾山雀、白喉长尾山雀。

分布 欧洲与亚洲，北美和中美洲。

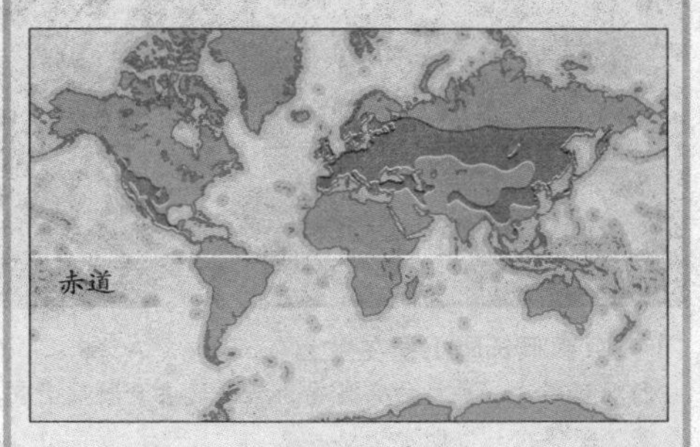

栖息地 以森林和林地为主。

体型 体长9~14厘米，体重5~9克。

体羽 主要为黑色、灰色、褐色，银喉长尾山雀还带粉红色。

鸣声 联络鸣声为颤鸣，鸣啭柔和。

巢 为钱包状结构，由苔藓、地衣和羽毛筑成。

卵 窝卵数通常为6~10枚；白色，许多种类带红斑。孵化期13~14天，雏鸟留巢期16~17天。

食物 以昆虫为主。

都是“一家人”

银喉长尾山雀的过冬群主要由一个家庭单元组成，外加一些额外的个体。整个群体会维护一片领域。到了春季，所有雄鸟都留在领域内，与领域外的雌鸟结成配偶，很可能是为了防止“近亲繁殖”。几乎所有的配偶都试图独立育雏，不需要其他个体相助。然而，一旦育雏失败（事实上，当巢遭到掠食者侵袭时很多便会育雏失败），再补育一窝雏为时已晚。于是，配偶只有离巢去帮助其他配偶育雏（通常为它们的“亲戚”）。在这种情况下，雄鸟很容易找到这样一个巢，因为邻近的雄鸟很多都是它的

一只银喉长尾山雀在巢上

人们观察到这一种类的亲鸟在为雏鸟送去食物后会在巢周围反复盘旋。这种行为的具体原因尚不清楚，有可能是繁殖配偶在与协助者交流。

"兄弟"。而对于雌鸟，往往意味着它们要回到过冬领域才能找到它们的亲戚。通过这种方式，保证了协助育雏的鸟与雏鸟的亲鸟之间具有共同的基因。

银喉长尾山雀的巢很复杂，呈钱包状，用羽毛和苔藓筑成单个巢需羽毛2000多枚。其巢结构很漂亮，用蜘蛛网缠绕，并覆以地衣起伪装作用，需要许多天才能完工。银喉长尾山雀的巢深18厘米左右，短嘴长尾山雀的巢则有30厘米深。

这2种鸟筑巢的方式略有不同。银喉长尾山雀会找一根适宜的大树枝或数根在一起的小树枝作为巢基。一开始，所筑的结构通常呈杯状，然后，配偶不断将边上筑高，直至它们够不着为止，然后在顶部封闭起来从而形成一个圆顶。而短嘴长尾山雀的巢起初巢底并不坚实，但配偶在将边上筑高的同时会不断将中间部分踩低，最后形成一个吊巢。不过，2个种类在巢封顶后都开始栖息于巢中过夜。孵卵很可能只由雌鸟负责，因为常常见到一对配偶中只有一方曲着尾巴栖在小巧的巢中。

军舰鸟 空中海盗

军舰鸟本性恶劣，依靠空中打劫别的海鸟，获取食物。之所以能如此目无纲纪，是因为它们的确可以仗“势”欺人。而这“势”就是它们在飞行方面的天赋：它们的翅膀长而尖，当两翼展开时，距离可达2.3米，飞行时速最快可达418公里／小时。在飞行技巧方面，它们既能在高空翻转盘旋，也能飞速地直线俯冲。被它们盯上的海鸟只能丢下口中的鱼，落荒而逃。如此生猛的鸟儿，在谈情说爱时雄鸟却表现得热情无比，动不动就炫耀它的那点家产——一个巨大的深红色喉囊。

在帆船时代，三帆快速战舰（frigate）乃是当时的高速舰船，常用以对商船进行追捕。类似的，军舰鸟（frigatebirds，亦被称为“强盗鸟”）则为空中一霸。凭借非凡超群的飞翔和滑翔技术、无与伦比的速度和灵活性，它们不仅会突然俯冲至水面上进行捕食，更会从其他海鸟那里抢夺猎物和巢材。军舰鸟一个尤其值得注意的特点是雄鸟那巨大的红色喉囊，在求偶炫耀时可以像气球一样膨胀，以吸引未来的配偶。军舰鸟主要在热带偏远的海岛群居地营巢。

• 最擅飞行的海鸟

军舰鸟是所有海鸟中最容易一眼就辨认出来的身影之一。它飞翔时，棱角分明的翅膀和剪刀形的长尾几乎不可能使人看错。距离近一些观察时，它那长长的喙，以及喙尖略呈马鞍形的锐钩，则同样醒目。

军舰鸟的体羽不具防水性，腿脚极为弱小（脚为不完全蹼足），因此它们很少游泳，出水也相当困难。但撇开这些，军舰鸟在觅食时会飞到很远的海域，而在非繁殖期更是翱翔于茫茫大海上并可至数千千米之外。

军舰鸟5个种类中有4种繁殖于大

↗ 一只华丽军舰鸟和它的雏鸟

雏鸟刚孵化时赤裸，但4~5周后便可长出一肩黑羽。白色的绒羽起初短小，不过越长越长，直至覆盖身体的剩余部位。

一只雄军舰鸟完全胀开了它那巨大的深红色喉囊 在求偶炫耀期间，雄军舰鸟这些惹人注目的“装饰品”遍布繁殖群居地的树林，犹如盛开的一朵朵奇异的花。

西洋，其中阿岛军舰鸟仅限于阿森松岛。唯一在大西洋没有发现的种类为白腹军舰鸟，它只栖息在东印度洋的圣诞岛。分布范围最广的2个种——黑腹军舰鸟和白斑军舰鸟，有近一半的繁殖点为彼此共享。

• 盛大的集体炫耀

雄鸟通常在树上选择合适的巢址（白腹军舰鸟可在高达30米的树上筑巢），如果没有，如在阿森松岛上，它们就利用低矮的灌木，甚至光秃秃的地面来营巢。炫耀的雄鸟集体行动，多则一群30只。当寻觅伴侣的雌鸟从头顶飞过时，雄鸟便展翅拍打，头向后仰，猩红色的喉囊膨大，嘴里发出鸣叫声。如果没有成功吸引到雌鸟，雄鸟可能会加入另一个炫耀群体。显然，死守一个炫耀地不是明智之举。值得注意的是，炫耀中的雄鸟对同类没有攻击性。

当雌鸟降落至潜在的配偶身边时，双方的头和颈便会纠缠在一起，偶尔还发出一些声音，并轻啄对方的羽毛。雄鸟之前的群体求偶炫耀非常热闹、生动活泼且场面壮观，然而接下来配偶之间的炫耀节目却显得低调散漫，这很可能反映了配偶关系相对比较淡薄。黑腹军舰鸟和白斑军舰鸟的雄鸟虽然同居一岛，但在炫耀群体的规模大小，以及是否坚持留在一个群体中直至成功吸引异性的倾向性方面，存在着明显的差异。

雄鸟（除了阿岛军舰鸟）负责收集筑巢用的树枝，但它们常常在飞行中不小心将树枝咬断。雌鸟筑巢，并保护巢不被其他雄鸟盗走。然而，由于树枝不容易得到，巢往往简陋之极。有一些巢最终在雏鸟出生后变得支离破碎，接下来的日子，雏鸟便不得不战战兢兢地在一根小栖木上熬过数周。

白色单卵重量可达母鸟体重的14%，由双亲共同孵化6~8周，每次“轮班”时间最长为12天。亲鸟没有孵卵斑。在军舰鸟的群居地，存在一个令人不解的现象，即有时卵会被从巢中扔出来，雏鸟也会被杀死。研究发现这是没有配偶的雄鸟所为，其原因可能是想让被夺走的雌鸟重新回到可以被自己追求的行列，尽管现实中还尚未发现这样的雌鸟“再婚”。

41天后，军舰鸟的幼雏破壳而出。刚出壳的幼雏浑身光秃秃的，眼睛也睁不开。雏鸟生长发育十分缓慢，在巢中需要待5~6个月，而随后数月，有时甚至1年以上都仍依赖于亲鸟喂食。军舰鸟大概要到7岁左右才进行初次繁殖，而且生殖率极低，正因如此，成鸟平均至少能活到25岁。

一次成功的繁殖需要历时1年以上，因此在当年育雏的亲鸟下一年就不能繁殖。于是，同某些大型信天翁一样，绝大多数军舰鸟隔年甚至更长时间才可能成功繁殖一次，因为它们需要一个复原期。在间隔年，另外的配偶会占据其巢址，所以军舰鸟不能每年都回到同一个巢址，或约定在那里遇到自己的配偶。也正因如此，它们的配偶关系不牢固。繁殖成功率因地区而异，但总体上非常低。许多雏鸟即使能得到亲鸟长时间的食物援助，但独立后不久也会因饥饿而死。

华丽军舰鸟与其他种类相比，觅食区更靠近海岸线，并且食物供应明显更加可靠，因为不但孵卵的轮流时间更短（平均不超过1天），而且在雏鸟长到100天左右时，雄鸟会离开群居地，留下雌鸟单独抚养雏鸟。雄鸟离开的原因很可能是去换羽，然后在进行下一次繁殖时带着另一只雌鸟返回原地，而它此前的配偶还在那里喂养后代。这样一种两性劳动分工可谓非常独特，只是还尚未在做标记的军舰鸟身上得到证实。

知识档案

军舰鸟

目 鹈形目

科 军舰鸟科

军舰鸟属有5种：阿岛军舰鸟、白腹军舰鸟、黑腹军舰鸟、白斑军舰鸟、华丽军舰鸟。

分布 泛热带地区。

栖息地 海洋。

体型 体长79~104厘米，翼展1.76~2.3米，体重0.75~1.6千克。雌鸟比雄鸟重25%~30%。

体羽 雄鸟全黑（白斑军舰鸟带有白色腋距）；雌鸟：阿岛军舰鸟为黑色，其他种背部、头部和腹部为略带黑色的褐色，而胸部和腋距（一些种类有）为白色。

鸣声 嘎嘎声、嘘嘘声、嘶哑的笑声和格格声。雄鸟发出有回音的鼓声、啁啾声或嘘嘘声。

巢 雌鸟筑巢，雄鸟收集巢材，筑于树上，若无地方便筑于空地上。

卵 一窝单卵，白色，光滑。孵化期44~55天。

食物 以飞鱼和乌贼为主，在飞行中捕食。

美洲鹫 追踪腐肉的行家

美洲鹫体型庞大，翼长而宽，可以沿上升气流进行长时间的翱翔。所以，它们会有较开阔的视野，能轻易寻找到爱吃的腐肉。有些种类还发展出相当灵敏的嗅觉。还有些比较讨巧，它们靠跟踪同样爱吃腐肉的其他鸟类来觅食。王鹫是美洲鹫中比较独特的一个种类。正如它们的名字所言，这种鸟儿浑身散发着一种王者的气息：白衬衣、黑西服，鲜艳的脑袋聪明绝“顶”，但为了阻止腐肉的细菌感染皮肤，它们又在眼睛周围“装饰”上了一圈黑鬃毛，同时不忘在喙上方“挂”一个招摇的肉冠。

新大陆鹫（美洲鹫）和旧大陆鹫（兀鹫）外形上相似，均为喙具钩，头部和颈部裸露，翼大而宽，善于食腐肉。然而，它们已经不再被认为具有密切的亲缘关系，最明显的区别是鼻孔——美洲鹫的鼻孔穿孔。并且，化石证据表明，美洲鹫曾生活于旧大陆，而兀鹫也曾见于新大陆，这样看来，如今两者在地理分布上的隔离具有迷惑性，而且就是发生在相对近期的事。神鹫是美洲鹫中最引人注目的种类，乃最大的飞鸟之一，翼展可达3米。这种大型的鸟主要栖息于有强气流的开阔山地，而相对小型的美洲鹫则见于开阔的平地和森林。

在墨西哥的太平洋沿岸，一只红头美洲鹫在树桩上观望。红头美洲鹫是美洲鹫中分布最广的种类。敏锐的嗅觉可以帮助它们迅速找到新近死亡的动物的尸体。

● 与鹳有亲缘关系吗?

美洲鹫的化石记录可追溯至3400万年前的渐新世早期，其中包括具有2000万年历史的样本（源于欧洲的中新世）。一些已灭绝种类甚至比神鹫更大，如中新世晚期的“teratorn”，

美洲鹫的代表种类

1a.飞翔中的安第斯神鹫；1b.安第斯神鹫前额肉冠的特写；2.濒危的加州神鹫；3.王鹫，一种茂密热带森林里的留鸟；4.黑头美洲鹫，在空中翱翔时常被当地的美洲人误认为雕。

其化石遗迹于1980年在阿根廷发现，被称为“阿根廷巨鸟”。这种鸟的体重估计为现存最重的神鹫的5倍，它的翼展可达7.5~8米。美洲鹫过去也曾生活于新大陆，只是在大约1万前才不再出现。

一些分类学家认为现存的美洲鹫与鹳形目的鹳类亲缘关系最为密切，后者也食腐肉，但两者喙形不同，并且美洲鹫不营巢。即便如此，两者除了均食腐肉外，生理结构上也存在诸多相似点，如后趾退化或不具功能，脸部和颈部裸露，鸣管缺失导致基本不能发声。同时，它们在繁殖行为方面也有类似之处，如炫耀时脸部皮肤涨红，给雏鸟喂滴流体。此外，美洲

知识档案

美洲鹫

目 隼形目（或鹳形目）

科 美洲鹫科

5属7种：安第斯神鹫、加州神鹫、大黄头美洲鹫、小黄头美洲鹫、红头美洲鹫、黑头美洲鹫、王鹫。

分布 加拿大南部至南美洲南端。

栖息地 主要为各种开阔地带，如从安第斯高原到沙漠，也包括一些林地和森林。

体型 体长56~134厘米，体重0.85~15千克。

体羽 乌棕色，翼下侧有浅色斑。王鹫例外，为乳白色，带黑色飞羽。大部分种类头部和颈部裸露，皮肤色彩鲜艳。两性相似，幼鸟羽色偏暗，通常为棕色。

鸣声 不鸣叫，偶有嘶嘶声。

巢 单独营巢于地面、灌木下或树桩等处的天然洞穴里，偶尔将巢筑于距离地面很高的树洞中。

卵 窝卵数1~2枚；白色，长椭圆形，红头美洲鹫的卵有点斑。孵化期40~60天，雏鸟留巢期70~180天。雏鸟孵化时被有浓密的绒羽。双亲育雏，回吐喂食，刚开始直接用喙送至雏鸟嘴中。

食物 主要为腐肉，此外也食卵、果实和其他植物性食物。

鹫也像鹳类一样，通过排泄物沿腿部淌下然后蒸发的方式来实现降温。然而，美洲鹫区别于其他食肉鸟的种种特征也许并没有想象中的那么重要，因为鹭鹰也具有某些和鹳相似的行为特点，而近来的DNA分析表明，所有猛禽类都有可能在水禽类中找到具有一定关系的亲缘种。

翱翔觅腐肉

美洲鹫的头部和上颈通常裸露，色彩鲜艳。在大的种类中，颈基周围有茸毛状或矛尖状的翎颌。雄安第斯神鹫生有高高的头冠，加州神鹫的喉鲜艳夺目并可膨胀，而王鹫的头色彩斑斓，用以炫耀。其趾长，适于扣牢食物，但爪仅微弯，整只脚并不是特别擅长攫取猎物。翅大而宽，尾硬，因而表面积很大，使它们能够沿上升气流进行长时间的翱翔，以最省力的方式寻找腐肉。

相对小型的红头美洲鹫和2种黄头美洲鹫的不同寻常之处在于它们同时使用视觉和嗅觉来对食物进行定位，尤其以擅长用嗅觉找出腐肉所在位置而出名，哪怕腐肉藏于洞穴中或植被下面。而王鹫和黑头美洲鹫即便花大量时间在森林中觅食，嗅觉的作用也是微乎其微的，它们主要依靠其他食腐动物的活动来帮助找到尸体。在觅食过程中，能够同时用嗅觉寻找腐肉的种类翱翔的高度往往比那些必须完全依赖于视觉进行大范围搜索的种类低。

除腐肉外，大部分美洲鹫也食卵、果实和一些植物性食物，或聚集在垃圾堆和屠宰场食废弃物。有些种类，特别是群居的黑头美洲鹫，夜间还会在共同的栖息地集会，交换一天的收获，商量次日的觅食地点。这种现象在非繁殖期尤为常见，可以为刚涉世的幼鸟提供经验和借鉴。

一只45天大的红头美洲鹫雏鸟在试验它的翅膀

雏鸟孵化时头部覆有绒羽，在长齐成鸟的体羽后头部才秃顶。它们的留巢时间为12周或以上。

伞鸟 头上"撑伞"

伞鸟是美洲特有的一个科，全世界大约有90多种。它们的名字源于它们头上撑着一把小伞样的冠羽。长肉垂的伞鸟，面相更是浮夸。从颈部垂下的大肉垂就像礼服衬衣上的蓬松皱边。三色伞鸟，身披飘逸的修士道袍，又被人称为"僧侣鸟"。伞鸟叫声奇特，有些像铃声，有些像牛鸣，有些像是在敲榔头声。有些叫声连续不断，被人称为饶舌鸟。由于它们行为怪癖，我们对它们的了解并不多。

新热带的伞鸟是鸟类中最多样化的群体之一。种类的体型差异为鸟科之冠，既有仅长8厘米的迷你型姬伞鸟，也有和鸦一般大小的伞鸟。既有食虫类，也有特化的食果类。在体羽方面，既有灰暗单调的，也有鲜艳夺目的。而在繁殖机制中，既有单配制，也有一雄多雌的"展姿场"机制。伞鸟科究竟包含多少种类这个问题尽管长期以来一直颇受争议，但传统的归类除了少数种类有出入外，其基本框架已为解剖学和分子学所印证。它们与具有密切亲缘关系的霸鹟和娇鹟一起使美洲热带地区成为世界上多样性最丰富的鸟类区。

• 四大亚科

伞鸟与娇鹟的亲缘关系最为密切，具有诸多共同的进化特征。两者还是霸鹟的姊妹科。伞鸟与其他两种鸟的区别之处在解剖学上最突出的特征便是它们独特的鸣管（鸟类的发声器官）。而该科的单一性则同时得到

↗食果伞鸟类为一群翅膀较短、相对较重的鸟，见于安第斯山脉和附近区域，栖于枝头，以食果为生。图中为一只横斑食果伞鸟。

知识档案

伞鸟
目 雀形目
科 伞鸟科
33属94种。

分布 墨西哥及中南美洲。

栖息地 热带至温带山区的各种森林。

体型 体长8~50厘米，体重6~400克。

体羽 高度多样化。许多种类的雄鸟呈华丽的红色、紫色、蓝色等，并常有用以炫耀的饰羽；雌鸟一般相对暗淡，也没有饰羽。

鸣声 多样化，既有高音的口哨声和快节奏的颤音，也有低沉的鸣声或似锤或钟发出的铿锵声。有些种类的翼羽发生变异，在飞行时可发出响亮的机械声响。

巢 大部分为露天的碗状巢或碟状巢；有些巢相对于鸟的体型而言显得很小且脆弱（冠伞鸟类例外，它们的泥浆碗状巢筑于岩面上）。

卵 窝卵数1~3枚；底色为浅黄色或橄榄色，有褐色和灰色的深色斑。孵化期19~28天，雏鸟留巢期21~44天。

食物 果实和昆虫。

分子系统学研究的支持。有个别属，如悲霸鹟属，在传统分类中被归入伞鸟科，现在已知应当划为霸鹟科。而其他有些属，如霸鹟科的厚嘴霸鹟属、蒂泰霸鹟属和斑伞鸟属以及娇鹟科的希夫霸鹟属，则回归伞鸟科。

伞鸟科由4个亚科组成。第1个亚科为伞鸟亚科，乃是“典型的”伞鸟，包括许多栖息于低地雨林树阴层的种类以及钟伞鸟类和果伞鸟类。第2个亚科为冠伞鸟亚科，成员为实行“展姿场”繁殖机制的冠伞鸟类、红伞鸟类和大部分安第斯食果伞鸟类。第3个亚科为割草鸟亚科，包括其他的安第斯伞鸟以及见于安第斯山脉和南美温带地区的割草鸟类。第4个亚科为厚嘴霸鹟亚科，这是一个多元化的集合，由过去分别归于伞鸟科、娇鹟科和霸鹟科的数个属组成，包括蒂泰霸鹟类、悲霸鹟类、厚嘴霸鹟类和紫须伞鸟类。

由于生态和行为的多样性，伞鸟各种类在体型、体羽和形态方面表现出广泛的差异性。就身体比例而言，从翅短、体沉的安第斯食果伞鸟和体巨、翅宽的伞鸟类至体微、翅长、如燕子般的紫须伞鸟，不一而足。在着色上，既有呈高度性二态的种类（雄鸟鲜艳华丽），也有两性均为灰色或褐色的种类。鲜艳的着色既有来自色素胡萝卜素产生的大红色、黄色、粉红色和紫色，也有因光线透过羽支分布不均的气泡而形成的蓝色（如在“真正”的伞鸟种类中）。

许多种类具有复杂的性二态体羽模式及特化的羽毛，如雄性冠伞鸟的冠羽等。羽毛模式变异的现象，如经常在空中飞行的燕尾伞鸟，雌雄鸟均有长长的叉形尾，由不同长度的羽毛形成。不少种类进化出肉垂、覆羽的瘤或用于求偶炫耀的裸露皮囊（见于三色伞鸟、钟伞鸟类和伞鸟类）。少数种类（如红伞鸟和冠伞鸟类）有特化的飞羽，用以在炫耀飞行时产生机械声响。包括伞鸟、镰翅伞鸟、厚嘴霸鹟类和蒂泰霸鹟类在内的其他种类则长有形状奇特的初级飞羽，其功能未知。

伞鸟喙的大小和形状也各不相同。许多食果种类嘴裂宽，便于吞下大的果实。割草鸟类的喙呈锥形，具啮喙（锯齿状边缘），用以食芽、叶、果实和种子。

↘三色伞鸟有时因其鸣声低沉而被称为calfbird（“牛鸟”），但它更为人熟悉的名字则是capuchinbird（“僧侣鸟”），因为这种鸟与众不同的羽衣颇似修士的道袍。

伞鸟的鸣管同样表现出极大的多样性。该科种类中既有鸟类界最简单的鸣管，也有最复杂的鸣管。许多伞鸟的鸣管非常简单，没有特别的支持结构或内部肌肉组织，因而发出的声音也就很简单。而那些拥有复杂响亮的鸣声用于多配制炫耀的种类则进化出有多种特征的鸣管。果伞鸟的气管和支气管特别大，从而能够产生有回音的低沉鸣声。钟伞鸟的鸣管巨大且肌肉发达，发出的声音之响堪称鸟类之最。

伞鸟的食物也是不拘一格的。典型的伞鸟类、安第斯伞鸟类和冠伞鸟类以食果实为主。其中小型种类享用多种小果实，较大种类通常专食鳄梨科的大果实。白颊伞鸟特化为食安第斯山脉高海拔地区的槲寄生浆果。割草鸟类则用它们锯齿状的锥形喙摄取植物的芽、果实和种子。相比之下，蒂泰霸鹟类、悲霸鹟类、厚嘴霸鹟类和尖喙鸟广泛捕食昆虫。食果习性被认为与一雄多雌的繁殖机制之间存在一定关系，因为食果有利于将雄鸟从亲鸟义务中解放出来，这一点在伞鸟及娇鹟、极乐鸟、园丁鸟等身上得到了体现。

• 来自美洲热带的鸟

伞鸟全部见于新热带，北起墨西哥北部、南至南美南部。红喉厚嘴霸鹟虽经常出现于美国最西南部，但很少在那里营巢。多数种类栖息于潮湿的热带雨林和山林中或者高地山林中。而割草鸟类则多居于多灌木的开阔地带以及安第斯山脉和南美南部的耕地中。

许多伞鸟属的种类为异域分布或邻域分布（即分布在不同的地理区域或者分布区域相邻但不重叠），从而在整个新热带范围内实现了相互弥补。有些伞鸟为分布区域狭窄的当地种，如黄嘴白伞鸟和绿伞鸟仅见于哥斯达黎加西部和巴拿马，而姬伞鸟、黑黄伞鸟和灰翅伞鸟则限于巴西东南沿海的山区。

↗ 冠伞鸟类（图中为圭亚那冠伞鸟）的雄鸟具有独特的半月形冠，在求偶炫耀中扮演着核心角色。这些鸟实行一雄多雌制，雄鸟除了交配不参与其他任何繁殖营巢行为。

• 单配或多配

鸟类界各种各样的繁殖行为有许多都可在伞鸟中见到。安第斯伞鸟类、割草鸟类、食果伞鸟类、厚嘴霸鹟类和蒂泰霸鹟类实行单配制，配偶双方共同承担亲鸟之责。紫喉果伞鸟为高度群居性，生活在由雌雄鸟组成的混合群体中。雌鸟负责筑巢和孵卵，其他所有成员协助维护领域和为雏鸟带来昆虫食物。很明显，群体中只有一对主配偶，其他的不论雌雄均为附属的协助者，至于它们是否为主配偶之前的后代则尚不清楚。紫须伞鸟类似乎也为群居性，并有着类似的协作繁殖机制。

虽然大部分伞鸟的繁殖行为仍有待进一步研究，但很明显它们实行一雄多雌制，雌鸟承担所有亲鸟义务。一雄多雌种类的雄鸟通常聚集在展姿场进行求偶炫耀。有些种类拥有高度集中的传统展姿场，如圭亚那冠伞鸟的雄鸟常常一二十只（或更多）聚集在一起炫耀，每只雄鸟在林地中维护一片界线清楚的“宫院”。白须娇鹟也有类似的机制。求偶炫耀的主体行为具静态性：雄鸟蹲伏于宫院的中央，展开它华丽的体羽，头侧摆，以便使半圆形的冠羽能够完全被飞到展姿场上方树上的雌鸟看到。其他一些伞鸟种类的炫耀地则非常分散或由某只雄鸟单独使用。在栖于树阴层的某些种类（如伞鸟属、白伞鸟属和南美白伞鸟属）中，雄鸟聚集在特定的树顶或相邻的树上炫耀，但这种繁殖机制很难观察到，因而人们了解甚少。

伞鸟的炫耀行为既有形体动作，如见于冠伞鸟类和红伞鸟类的各种炫耀姿势和仪式化的行为，也有以声音为主的炫耀模式。在部分种类中，如钟伞鸟类和尖声伞鸟，强烈的性选择促使它们拥有了鸟类界最响亮的鸣声之一。钟伞鸟类的鸣声，从响亮的“啵”的声音到清脆的电子音“啧—叽”声均有，可谓变化多端，并且在1千米以外都能听得很清楚。较大的果伞鸟类则发出似牛哞的低沉鸣声。三色伞鸟发出响亮的呜呜声，音会渐强，犹如快速转动起来的链锯或摩托车。而栖息于巴西东南部山林中的黑黄伞鸟则会发出优美空灵的口哨声，在3秒钟的持续时间里音徐徐变高。当雄鸟聚集在一起时，通常交替鸣啭，于是便会形成一片此起彼伏、持续不断的清脆歌声。

伞鸟的巢也是各种各样的。在许多种类中，具保护色的雌鸟单独筑简单的树枝平台巢，然后一窝产下1枚卵。巢结构很松散，经常可以从下方透过巢底看到卵。不过，由于巢非常

↗2只安第斯冠伞鸟在搏斗中用脚扭打在一起。它们在被称为“展姿场”的炫耀地争夺支配权从而争夺交配对象。

不起眼，从而最大限度地降低了遭掠食的可能性。

悲霸鹟类、安第斯伞鸟类和食果伞鸟类的巢为相对结实的碗状结构。冠伞鸟类的巢为泥浆和细枝结构，混以唾液，筑于垂直的岩面上，可能是另一种保护形式。也正因如此，冠伞鸟类限于有巨石或岩崖的潮湿森林等地带生活。厚嘴霸鹟类则筑垂悬的编织巢，并在孵卵过程中会不断加厚。蒂泰霸鹟类营巢于洞穴中。紫须伞鸟类与蜂鸟颇为相似，在树枝上筑微型的碗状巢。

● 鲜为人知的种类

许多伞鸟种类都很少为人所熟知，因此对它们的保护状况也不是很清楚。然而，有相当数量的种类正面临不同程度的威胁。仅见于巴西大西洋沿岸潮湿低地林的斑伞鸟因森林退化而处境危险，目前这种鸟的合适栖息地只剩下一些孤立的小片区域。秘鲁割草鸟栖息于秘鲁西北部沿海沙漠中零星的林地和灌丛中，其数量在最近数十年间一直呈下降之势，如今又受到伐木取材和农业发展的威胁。灰翅伞鸟据悉只存在于巴西东南部奥高斯山脉海拔1500米以上的山坡中。尽管这种鸟的分布区距里约热内卢不到50千米，大部分地区处于受保护的国家公园内，但人们对其数量状况知之甚少，加上分布范围之小和易受森林火灾的影响，故被官方列为易危种。

↗ 3种亚马孙伞鸟属的伞鸟共同特点是有一簇浓密的头羽和一个长长的肉垂（1个种类为大红色，另2个种类为黑色）。图中为一只亚马孙伞鸟。

而最鲜为人知的伞鸟或许便是姬伞鸟，这种鸟只在19世纪里约热内卢的科学馆藏中可经常看到，体小，呈绿色，有白色翅斑和像载菊鸟那样的红色冠。在消失了1个多世纪后（人们曾认为这种鸟或许因森林退化而已灭绝），1996年，观察者们在奥高斯国家公园南部的特瑞斯波利斯-加拉佛再次发现了姬伞鸟。但此后就未曾再见过这种鸟。

琴鸟 尾羽展开像竖琴

琴鸟是鸟类界数一数二的模仿大师。它们不但模仿其他鸟类的鸣叫，还会模仿各类声响，如鸟儿的扇翅声、抖羽声、蛙鸣声等，更有甚者竟然能模仿人的口哨声和只言片语。这些聪明的家伙是不是和鹦鹉一样要逆天？更难能可贵的是这些家伙在舞蹈方面也有一套。到了求偶的时节，雄鸟就会展开尾巴后面的“竖琴”，在自己搭建的“舞台”上又唱又跳，吸引“女粉丝”前来相亲。

澳大利亚的琴鸟以其壮观夺目的求偶炫耀、独特的歌声和效鸣而著称。雄琴鸟的尾羽、炫耀行为和鸣声，被认为是雌性选择配偶的性选择模式下雄性华丽特征的典型代表。华丽琴鸟，就是澳大利亚最引人注目的鸟之一。从一开始，这种鸟的归属就充满了争议。在早期的描述中，有人认为它是一种雉鸡，有人认为它是一种地栖性极乐鸟，有人认为是一种家禽，更有甚者认为这是一种“孔雀鹩”。具有讽刺意味的是，“琴鸟”这一名字乃是源于当时英国科学家的一种错误认识，他们在研究了从澳大利亚送过去的某些琴鸟皮肤后认为这种鸟的雄鸟尾羽在炫耀时肯定一直像一把竖琴那样扬起。在半个世纪后，欧洲移居者们才发现了另外一种琴鸟，并以维多利亚女王的夫君艾尔伯特王子之名命名为“艾氏琴鸟”。

如今，研究表明琴鸟最密切的亲缘鸟类是薮鸟科（1属2种）的2个丛林种类。并且，琴鸟很可能像那些丛林鸟一样，直接起源于大洋洲，而不是从北半球迁移过来的。

• 华丽张扬的尾

华丽琴鸟在澳大利亚东南部的自然分布范围为维多利亚州南部至昆士兰州东南端，见于大分水岭地区海拔1500米以内的多种潮湿森林栖息地中。有一部分生活在维多利亚州的华丽琴鸟于20世纪30~40年代引入塔斯马尼亚岛的2个地方，结果在那里建立起了种群，并且分布范围得到了扩大，而同期在澳大利亚大陆上的许多种群却似乎出现了下滑之势。

艾氏琴鸟的分布范围非常有限，目前主要集中在昆士兰州东南端和新南威尔士州东北端海拔300米以上的

一只华丽琴鸟在喂雏

这种鸟通常一窝只产一雏，雌鸟对后代关怀备至，在雏鸟会飞后仍会继续照顾其半年以上。

山区。可见，2个种类的分布范围相差很大。此外，人们还发现了迄今为止唯一一种已知的琴鸟化石“Menura tyawanoides”曾经的分布区，结果显示琴鸟科在过去的分布比现在广。

和鸡一般大小的华丽琴鸟是世界上最大的雀形目鸟之一。成鸟上体为深灰褐色，下体为深灰至浅灰色。雄鸟拥有豪华的尾羽，长如裙裾，中间是2枚电线般的中央尾羽，然后是12根散开的丝状羽，最外面的便是“琴羽”——2枚巨大的S形舵羽。丝羽和琴羽的内面为银白色。琴羽上面有一排半透明的赤褐色月形凹口，琴鸟属的学名“Menura”（意为“新月”）也许便是由此而来。琴羽末端为黑色，呈梅花形。丝羽的羽支无羽小支，所以看起来像是装饰着精致的花边。体型较小的雌鸟尾也相对更短、更简单，琴羽上的凹口也不明显。艾氏琴鸟比华丽琴鸟略小，背、胁和腰部更多地为赤褐色，而腹部颜色相对更浅，雄鸟的尾也不及华丽琴鸟的那般长而复杂。

琴鸟主要栖于地面。灰色的腿相当长，脚爪强健，因而奔跑轻松，扒掘有力。翅短圆，飞行能力弱，一般只能做滑翔式下坡。但它们却栖于高树上过夜——通过一连串笨拙的拍翅跳跃花相当长时间才最终到达树上。

• 地表觅食者

华丽琴鸟主要通过在5~15厘米深的表土层扒掘无脊椎动物为食。每片扒掘地间隔在2米以内，各自的平均面积为0.25~0.5平方米。通常在这样的一片扒掘地中平均每1.5分钟可捕获25~29只猎物。

通过对成鸟胃内成分的分析，发现华丽琴鸟的食物中含有多种无脊椎动物，如蚯蚓、甲壳类、蜈蚣、千足虫、蜘蛛、蝎子、蟑螂、甲虫、苍蝇、蚂蚁和蛾，既食成虫，也食幼虫或蛹。此外，某些种子也会列入其食谱中。雏鸟的食物与成鸟相似。

华丽琴鸟的这种觅食习性促成了表土层和落叶层的不断翻新，因而被认为有利于森林地面层裸露区域的保持、营养成分的循环以及桫椤（类似厥类的热带树木）的再生。关于艾氏琴鸟的觅食行为和食物，目前知之甚少，但很可能与华丽琴鸟基本相似。

• 领域性和独居性

华丽琴鸟的成鸟具领域性，以独居为主。雄鸟的领域一般为方圆2.5公顷左右，可包含6只雌鸟的领域或与其发生重合。在繁殖期，雄鸟主要通过频繁地响亮鸣啭来维护领域，但其他雄鸟的入侵会引发"冲天式"威胁炫耀、长途的追逐并发出各种声音，甚至偶尔会导致激烈的搏斗。两性未成鸟常常形成活动范围很广的小群体，会进行各种炫耀行为。当这些巡回群体经过时，领域主也有可能临时性地加入其中。

知识档案

琴鸟
目 雀形目
科 琴鸟科
琴鸟属2种：艾氏琴鸟和华丽琴鸟。

分布 仅限于澳大利亚东部。

南回归线

栖息地 温带、亚热带雨林和硬叶林。

体型 体长：华丽琴鸟雄鸟103厘米，雌鸟76~80厘米；艾氏琴鸟90厘米。体重：华丽琴鸟雄鸟0.89~1.1千克，雌鸟0.72~1千克；艾氏琴鸟0.93千克。

体羽 上体深灰褐色或红棕色，下体灰褐色至赤褐色。雄鸟的尾羽非常突出，长如裙裾，有高度变异的舵羽；雌鸟的尾羽较短且简单。

鸣声 鸣啭响亮、穿透力强，可模仿别的鸟的鸣声和其他一些声音，警告鸣声和炫耀鸣声音很高。

巢 大型的圆顶巢，巢材有树枝、树皮、苔藓、细根和蕨类植物的叶，衬材有细根、柔软的植物性材料及鸟的体羽，入口在侧面。巢址可位于地面、泥岸、岩面、巨石、树的扶持物、外露的树根、原木、草丛以及死树或活树上（巢离地面的高度可达22米）。

卵 窝卵数一般为1枚；椭圆形；浅灰色至紫褐色，带有深褐色或蓝灰色斑点和条纹；平均重62克。孵化期约为50天，雏鸟留巢期约47天，从会飞至完全独立最长需8~9个月。

食物 以土壤和朽木中的无脊椎动物为主。

华丽琴鸟能存活20~30年。雄鸟出生后需要7~8年才能长齐成鸟的尾羽。而雌鸟可能在5~6岁时便开始繁殖。雄性成鸟会在领域内建许多“炫耀冢”（为微微隆起的土堆）。繁殖季节，雄鸟白天有一半的时间都在炫耀冢上歌唱和炫耀，表演的高峰期为天亮后3小时以及中下午。

雄琴鸟站在炫耀冢上炫耀

雄琴鸟中间的尾羽向前倾泻至背部和头顶，外侧的条状“琴羽”看起来则像一把竖琴。如内图所示，华丽琴鸟（图1）略大于艾氏琴鸟（图2）。

炫耀的关键部位是雄鸟精致复杂的尾，尾会扬起，前倾至背和头上方。在“初始炫耀”阶段，尾闭合，只是快速地抖动。在“全面炫耀”阶段，尾完全展开，来访的雌鸟透过带花边的羽毛看到鸣啭的雄鸟。雄鸟迅速地左右移动，然后反复跳跃，翅膀松弛，同时嘴里发出类似拨弦或马疾驰的声音。随后，交配就发生在炫耀冢上。华丽琴鸟的鸣啭包括一种特有的“领域歌”和多种模仿其他鸟的声音，鸣声响亮、绵长，富有穿透力。

华丽琴鸟的雄鸟实行混交。它们与任何交配对象都没有长期的配偶关系，不承担抚养后代的亲鸟义务。雌鸟的领域可能完全在某只雄鸟的领域内，也可能与数只雄鸟的领域发生重叠，或者与所交配的雄鸟的领域全然不相干。华丽琴鸟的巢很大，空间宽敞，顶有遮盖物，通常筑于地面或近地面处。

雌鸟的繁殖过程也有许多不同寻常之处。通常一窝只产1枚卵。尽管在冬季繁殖，但孵卵恒常率仅为45%。每天卵都有数个小时被搁于一边，这时胚胎的温度便降至环境温度。所以胚胎的发育非常缓慢，孵化期可长达50天，这比其他差不多大小的鸟的孵化期要长80%。但由于卵壳的孔隙率和水分蒸发率相对较低，所以卵不会严重失水。雏鸟的发育在同等体型的雀形目鸟当中也属于极缓慢型，以致雏鸟留巢期几乎也像孵化期那样长。而育雏失败最重要的原因则是天敌（主要为引入的哺乳动物）的袭击，有时母鸟也遭残害。雏鸟在长到成鸟体重的63%时开始会飞，但在离巢后的8~9个月里仍部分依赖于母鸟，后者每天喂雏88~138次。

艾氏琴鸟的雄鸟也具领域性，在地面或近地面处由藤蔓和细树枝搭成的平台上炫耀。它们在冬季繁殖期频繁地鸣啭，其中也包括模仿其他种类的效鸣。全面炫耀时尾部动作与华丽琴鸟相似，此外还会跳一种“跃起舞”。雄鸟的行为常常会引起藤蔓和树枝的振动，有时甚至连数米外的叶丛也会颤动。艾氏琴鸟的鸣啭为一连串短促而响亮的声音，前后会伴以柔和的音符。鸣啭通常持续30~50分钟，而1个小时以上也相当常见。雏鸟习性与华丽琴鸟相似，但这种极为隐秘的鸟的交配机制和群居机制仍是一个谜。

• 森林管理带来的威胁

2个种类尤其是华丽琴鸟在过去因它们的肉和羽毛而大量遭人类枪击或诱捕。目前，华丽琴鸟仍较繁盛，但艾氏琴鸟已被列为易危种，现存数量可能不足1万只。因农业和林业发展以及人类定居而导致的栖息地缩减对这2种鸟影响很大，不过眼下最大的威胁来自人类对森林的密集型管理，选择性的伐木使它们的栖息密度大为下降，而它们在松树和桉树种植林中的密度仍然很低。此外，无论成鸟还是雏鸟都会受到外来哺乳动物的掠食。

↗ 艾氏琴鸟是2种琴鸟中稀有的一种，分布范围仅限于澳大利亚昆士兰州和新南威尔士州交界的雷鸣顿国家公园。

鹡鸰和鹨 鸟类界的"模特"

鹡鸰嘴巴细，尾和翅膀都很长，这副修长的身材在鸟类界堪称最完美的"模特"。有的鹡鸰穿白衬衫，人们就管它们叫白鹡鸰。民间的说法更活泼一点，叫"白颤儿"、"张飞鸟"。有的鹡鸰喜欢穿黄衬衫，人们自然就叫它们黄鹡鸰。因为鹡鸰是群居的鸟儿，只要有一只离群，其余的就都鸣叫起来，寻找同类，因此，在《诗经》中出现了这样的诗句："脊令（鹡鸰）在原，兄弟急难。"

分布广泛、炫耀行为醒目、出现在开阔地带（常为农业区）的鹡鸰和鹨是最容易辨认的小型雀形目鸟之一。黑白相间或黄黑相间这样对比鲜明的着色，经常张扬地摆动长尾、闪现白色的外尾羽，习惯于在高处的栖木上观察动静、飞捕猎物，这一切都使它们显得尤为惹眼。鹡鸰科各种类都有极富攻击性的领域炫耀飞行，而它们的求偶鸣啭飞行尤为出名：从地面或栖木上振翅升空，然后像降落伞一样徐徐降落，在这过程中不断发出鸣啭。其中具保护色的鹨类拥有超长的炫耀飞行：雄鸟升入离地面100多米高的空中，随风飞翔，同时发出嘹亮的鸣啭，整个炫耀活动长达3小时，为鸟类界之最。鹡鸰类和长爪鹡鸰类无论在繁殖地还是过冬地都经常会跟随放牧中的大型牲畜或农业收割设备进行觅食。迁徙的鹡鸰类和某些鹨习惯于在中途停留地大批聚集成群，并成大群集体栖息（在某些鹡鸰种类中一个群体多达70 000只），这极大地方便了人们给它们做上标记，从而使这些种类成为旧大陆为人们研究得最详尽的候鸟之一。

• 身材修长的地面鸟

大部分鹡鸰和鹨为身材修长的小型鸟类，尾和腿尤其长。亚洲的白鹡鸰以及长爪鹡鸰类则体型相对较大。多数种类的喙细长，但长爪鹡鸰类的喙相当粗壮。所有种类具长趾，并且后爪往往特别长，在长爪鹡鸰类中尤为如此，它们的后爪被认为有助于它们在草中行走。两性在体型上普遍相似，只是雄鸟的翅一般略长。鹡鸰类、长爪鹡鸰类和多种鹨在行走时尤其是在奔走停下来或受到入侵者惊扰时都会不时摆动尾巴。

↘ 鹡鸰和鹨的代表种类

1.黄喉长爪鹡鸰；2.黄鹡鸰，正衔着一只昆虫，此为黑头种群；3.澳洲鹨。

鹡鸰类的体羽有灰色、黑白相间、黑黄相间或灰黄相间等几种。在大多数种类中，雄鸟的体羽比雌鸟着色亮丽且丰富多彩。鹨类的体羽为上体褐色，常有条纹；下体以灰色或白色为主，胸和两侧有条纹。两性体羽相似，在3个例外的种类中，雄鸟脸和喉呈红色或者下体为醒目的黄色。金鹨的雌雄鸟区别明显：雄鸟下体为惹眼的黑黄相间，而雌鸟只显浅黄色。在长爪鹡鸰类中，两性的背部均具保护色，而下体着色醒目，依种类不同分别为黄色、橙色或红色，某些种类还有黑色的胸斑。

• 南下越冬

鹡鸰类主要限于古北区，但有3个种类在当初“白令陆地桥”连接苔原和草原植被带时进入新大陆，如今定期在北美西部的北极沿海高地和岛屿上繁殖。8种长爪鹡鸰及金鹨主要分布在非洲草原。而鹨类见于除南极洲以外的世界各大洲。

大部分古北区的鹡鸰和鹨在热带

非洲、中东、东南亚、印度次大陆或澳大利亚过冬；北美的鹨在东南亚、美国南部或中美洲越冬；而北美的鹡鸰则与亚洲的鹡鸰共享在东南亚的过冬地。

多数鹡鸰和鹨为中长途候鸟，但有些南亚、澳大利亚和非洲的种类和种群为留鸟。不过即使在留鸟中，鹨也会经常做海拔迁移和季节性的短距离迁移来避开不利的气候条件。有趣的是，北美的鹡鸰种类都保留了它们原种的迁徙路线（形成于白令陆地桥在近代沉没之前），即沿着亚洲的海岸线来到东南亚的过冬地。长爪鹡鸰类及金鹨则为留鸟或短途候鸟。

黄鹡鸰和白鹡鸰在白天成松散的小群迁徙，可持续飞行70个小时，穿越大片的沙漠和水域。在做这样的长途飞行前，它们会在中途停留地成大群觅食。其他的种类则单独或成小群迁徙，并且许多在迁徙途中的停留地也表现出高度的领域性。大部分鹨也在昼间迁徙，单独或组成5~8只的小群，只有少数种类偶尔会形成数千只的大群。

大多数鹡鸰和鹨的过冬地为开阔草地上的灌溉地和放牧地，以及甘蔗地、稻田或者溪流边、湖泊边、海滩上。鹡鸰类，尤其是白鹡鸰和黄鹡鸰，在非洲和澳大利亚的过冬地经

知识档案

鹡鸰和鹨

目 雀形目

科 鹡鸰科

5属65~70种。属、种包括：鹡鸰类、黑背白鹡鸰、海角鹡鸰、日本鹡鸰、白鹡鸰、黄鹡鸰、山鹡鸰、鹨类、黄腹鹨、水鹨、金鹨、长爪鹡鸰类等。

分布 全球性。鹡鸰类主要见于旧大陆，鹨类遍及各大洲，长爪类和金鹨分布在非洲。

栖息地 苔原、草地、草原、开阔林地。

体型 体长12.5~22厘米，体重12~50克。

体羽 鹡鸰类为灰色、黑白相间、黑黄相间或灰黄相间，两性差异和季节差异明显。鹨类主要为褐色，常有大量条纹，下体浅色，有些种类的雄鸟着红色或黄色。长爪鹡鸰类和金鹨主要为上体灰色和褐色，下体呈醒目的黄色、淡黄色或淡红色（常有对比鲜明的深色胸斑）。

鸣声 鸣声尖锐，鸣啭简单具重复性，求偶鸣啭飞行持续时间长。

巢 杯形巢，由干树叶和草干筑成，巢内衬以柔软的草、叶、毛发和羽毛。多为雌鸟所筑，筑于地面、悬崖的洞穴或裂缝中、地洞内、建筑物中。鹡鸰种类中多为两性共同孵卵，鹨中多为雌鸟单独孵卵。双亲共同喂雏。

卵 窝卵数2~7枚；白色、灰色或褐色，一般带有褐色或黑色斑纹。孵化期11~15天，雏鸟留巢期11~17天。

食物 几乎完全食节肢动物，此外包括某些蝗虫、软体动物和蚯蚓，少数情况下食一些种子。

常出现在斑马、羚羊以及放牧的牲畜周围。其中，白鹡鸰主要在人类居住地及其附近过冬。在鹨类中，在森林栖息地繁殖的种类往往在开阔的橡树林、有大树的咖啡种植园、芒果林或路边林地中越冬。

白鹡鸰和黄鹡鸰以及某些鹨会在小溪和河流沿岸建立过冬领域。领域的大小直接取决于食物的繁盛程度，当食物充足时领域较小。其他的鹡鸰和鹨则经常在过冬地建立大规模的集体栖息地。在东南亚和日本过冬的鹡鸰种类会形成数百甚至数千只的栖息群，它们的集体栖息地经常位于建筑物的屋顶、城市公园、街边或工业园区里的高树上、芦苇荡及甘蔗地里。鹨类在过冬地的栖息群规模则较小（最多二三十只），栖息地位于地面或深草丛中。

啄食与飞捕

鹡鸰和鹨主要食陆栖和水栖无脊椎动物，尤其是节肢动物。具体的食物取决于各个种类，如甲虫、蝗虫和蟋蟀组成了长爪鹡鸰类的主要食物，同时鹨类也经常摄取这些食物，但鹡鸰类则主要食各种小型软体动物、蚯蚓、苍蝇及其幼虫。而这些鸟在过

白鹡鸰在喂雏

这种鹡鸰的巢衬有大量牲畜或野生哺乳动物的毛发，有时则衬以大的羽毛。相比之下，山鹡鸰在树枝上所筑的巢小而精致，并用小片的苔藓伪装起来。

冬地有时会觅食白蚁，也可能会摄入一些种子和浆果。

鹡鸰和鹨常用的觅食方式为在行走或奔走穿过植被过程中啄取猎物，或经过短距离追捕后啄食，有时则从栖木上进行飞捕（这在某些鹨和长爪种鹡鸰类中很少见）。黄鹡鸰、白鹡鸰和一些长爪鹡鸰常常为放牧牲畜的共生生物，它们一般成小群栖在牲畜的头、脚附近，随它们一起活动，并不断变换位置以啄食被牲畜从植被中惊起的昆虫。鹡鸰经常从牲畜的背上飞到空中捕捉猎物，或者直接从牲畜身上啄取昆虫。这种借助牲畜觅食的成功率往往是它们单独觅食的2倍。

↗ 非洲的橙喉长爪鹡鸰与北美的草地鹨虽无亲缘关系，但在外形上却颇为相似：上体均为保护色，下体则着色醒目，并有深色的胸斑。

● 壮观的鸣啭飞行

鹡鸰类在其分布范围内主要繁殖于开阔的灌丛地带、湿草地或苔原，这些繁殖地经常在溪边、路边、湖边、海边（尤其是有海鸟成群繁殖的地方）或人类的居住地。

鹨类在它们广阔的地理分布范围内大部分繁殖于植被稀疏的开阔地带，如低地草原、苔原灌丛，或在河边、海边。有些鹨偏爱树草混合的地带、森林边缘带、空旷地以及被焚烧过的零星森林。少数鹨繁殖于亚寒带常绿针叶林、相对茂盛的针叶林和沿海常青林，即便如此，它们也主要集中在这些森林的溪流沿岸和小片空旷地中繁殖。金鹨在有灌木和小树的干旱、半干旱草地中繁殖；而长爪鹡鸰类常见于湿草地、茂密的草地中，通常在海拔可达3 400米的高山地区。

鹡鸰类、鹨类和长爪鹡鸰类在繁殖期都表现出强烈的领域性，它们在繁殖领域内觅食和营巢。雌雄鸟一般通过维护领域的飞行和在领域边界的栖木上频繁鸣啭来对繁殖领域进行巡逻和守护，它们每天会花上3个小时来做这些炫耀。尽管多数配偶进行隔离式营巢，但在不少种类中，不同的配偶有时会将繁殖领域集中在一起，结果相邻的配偶营巢的间距往往只有20米左右。

有些鹡鸰和鹨的候鸟（尤其是生活在分布区北半部分的）会在迁徙回繁殖地的途中或即将到达之前结偶。如水鹨和黄腹鹨在早春从低海拔地区开始向高海拔地区迁徙时，会在漫长的途中结偶。某些鹡鸰则已知会在过冬地结偶。而在海角鹡鸰和日本鹡鸰的留鸟种群中，配偶一般常年占据领域，一起生活可达数年。

鹡鸰和鹨主要为单配制，但配偶外交配现象在某些种类中偶尔也会出现。约4%的日本鹡鸰的雄鸟会与2只雌鸟发生交配；而在某些鹨中，有6%~7%（有时可达20%）的雄鸟与2只雌鸟结偶。

在鹡鸰中，大部分求偶鸣啭发自炫耀飞行中或鸣啭栖木上。求偶炫耀时，雄鸟会飞到30米高（8~12米最为常见）的空中，然后扇翅降落回地面，期间发出求偶鸣啭。这种求偶鸣啭为领域鸣声和联络鸣声的多重反复，音很高。鹡鸰在觅食时也经常鸣叫，而在发现天敌时叫声尤为响亮。在白和黑背白中，多数求偶炫耀行为发生在地面上，雄鸟展开并摆动尾，同时张开双翅，绕着雌鸟逐渐接近。

在大部分鹨中，雄鸟会升入100米的空中然后反复飞行，同时持续发出

↗ 鹨类（如图中的这只红喉鹨）通常在沼泽或沿海变干的海草中觅食，此外也会在较为干燥的开阔地带觅食。

一连串重复的音节。这样的求偶飞行在斯氏鹨中可长达3小时，不过在其他多数种类中一般为数分钟至半小时。繁殖期内，鹨类每天将多达2个小时的时间用以鸣啭。偶尔，鸣啭也会在地面或栖木上时发出，而金鹨的鸣啭炫耀通常在灌丛顶进行。在长爪鹡鸰类中，求偶鸣啭主要发自炫耀飞行期间（可持续45分钟），少数情况下发自栖木。

鹡鸰和鹨一般营巢于地面，通常将巢筑于雌鸟自己挖掘的浅坑中。白鹡鸰和黑背白鹡鸰已知会将巢营于小型哺乳动物的巢穴内、河狸的窝中或者岩崖、建筑物的洞穴和缝隙中（有时离地面高达50米）。而山鹡鸰筑巢于大树上，常为离地面四五米高的树干附近。大部分鹡鸰和鹨的巢为相对敞开的，巢的一面或两面通常由草丛、岩石或垂悬的植被遮掩。地面营巢的长爪鹡鸰类偶尔也会将巢筑在高草丛的上面，尤其是在洪灾威胁严重的地区。

在鹡鸰和鹨中，一般大部分筑巢工作都由雌鸟完成，不过在某些鹡鸰中，雄鸟也会投入相当的精力。雄鸟通常找来巢材，然后密切看护巢和雌鸟。一对配偶会在领域内数个地方试着筑巢，直到选定最终的巢址。

鹡鸰和鹨一窝产3~7枚卵，体型较大的种类窝卵数相对较少。长爪鹡鸰类通常每窝产2~3枚卵。卵壳的着色从几乎全白到带有浅褐色斑的橄榄绿不一而足，有时在卵较大的一端有许多单色的条纹。在分布范围的北部或高海拔地区，鹡鸰和鹨每个繁殖期通常只育一窝雏，而在其他地方，大部分种类育2~3窝雏。

在多数鹡鸰种类中，双亲共同孵卵，一般夜间和傍晚由雌鸟负责，而白天时雌雄鸟任何一方都有可能孵。在鹨类和长爪鹡鸰类中，尽管有些鹨两性共同参与孵卵，但主要还是由雌鸟完成。雄鸟通常负责给孵卵的雌鸟喂食，在巢中喂或在巢边上喂。觅食回巢时，雄鸟（无论在鹡鸰中还是鹨中）都会在离巢10~20米的地方飞落下来，然后奔走至巢中。大部分种类的孵化期为11~15天。

卵孵化后，雌鸟很快会将卵壳的碎片吃掉或清理掉。所有种类的雏鸟均为晚成性和留巢性。不过，雏鸟发育相当快：在大多数种类中，出生后第5天眼睁开，同时正羽开始长开；至第11天，能够在巢周围走动并可飞30厘米高。雏鸟一般在孵化后12~14天离巢，但有些鹨的雏鸟会早离巢：若受到侵扰，9天便会离巢。

双亲共同为雏鸟提供食物。而雌鸟还会在较冷的清晨和傍晚温暖雏鸟，直至它们出生7天后。在有些鹡鸰和鹨中，亲鸟平均每小时给雏鸟送食物8~12趟，一天喂雏多达300次。在幼鸟离巢后的2~3周内，亲鸟仍会给它们喂食。

• 不同的画面

人类行为以不同方式影响着不同的种类，并且在它们的过冬地和繁殖地产生了截然不同的后果。人类居住地、公路、桥梁和其他建筑设施在沿海地区和北方地区的日益增多实际上为鹡鸰提供了更多合适的繁殖栖息地，而伐木也为它们提供了大量的巢址，包括树桩、树干堆以及砍伐后的荒地。而在北欧，随着人们重新引入河狸和麝鼠，白鹡鸰近年来在森林中的溪流沿岸以及芦苇沼泽中开辟了新的栖息地。

另一方面，人类对它们过冬地的侵扰和过度捕猎似乎是某些鹡鸰种类，特别是黄鹡鸰数量下降的主要原因。由于它们在非洲的过冬地和一些食谷物的鸟类栖息在一起，人们为了控制后者而采取捕杀和爆炸行动时往往将它们一并杀害。在东南亚过冬的鹡鸰常受到侵扰并遭到大规模的商业猎捕，结果使北美和东北亚的鹡鸰数量减少。而在部分鹨和长爪鹡鸰种类中，因发展农牧业使大片天然草地丧失，而导致它们合适的繁殖栖息地减少、数量显著下降。